TSUKUBASHOBO-BOOKLET

暮らしのなかの食と農——71

いまだから伝えたい、考えたい「牛乳」のはなし

山田衛・鈴木宣弘 編著

Yamada Mamoru, Suzuki Nobuhiro

筑波書房ブックレット

表紙写真＝魚本勝之
表紙デザイン＝古村奈々 +Zapping Studio

目　次

序章

揺らぐ持続可能な生乳生産　「いのち」の糧が消えていく？
「危機」から学び、生産基盤を強くする処方箋

東京大学大学院教授　鈴木宣弘

2022年から翌23年にかけて日本の酪農家が危機的状況に立たされている現実に目を向けたメディア報道が増え、多くの人びとの関心が集まりました。しかし、とても残念なことに北海道はもとより、都府県の酪農は経営存続が危ぶまれる厳しい現実にいまも陥ったままです。ウクライナに中東諸国と世界各地が戦火に包まれ、国内に目を転ずれば能登半島地震による甚大にして深刻な被害が心に暗い影を投げかけます。政治の混乱と停滞、株価は上がるも円安に物価高で庶民の暮らしはなかなか良くなったとは思えない経済の低迷……。

日々生起する出来事のなかで、当然ながらメディアの関心は移ろいゆきます。彼らは業界紙や専門誌とは違いますから、無理のないことではありますが、ことは食料生産基盤に関わる問題です。とりわけ貴重な国産動物性タンパクである乳製品原料の「生乳」生産量は、1990年の約819万トンから2022年には約762万トンにまで減少しています。対して生乳１キロを生産するためのコストは直近約10年で1422円の大幅な上昇を記録しました。また、2021年度の概算値でみると牛乳・乳製品の国内生産量は約765万トンと微増したものの、うち約469万トンを海外からの輸入品が占めているのが実状です（矢野恒太記念会『日本国勢図会』2023/24参照)。つまり、依然として「酪農危機」はいま

夏の間は冷涼な気候の土地にある育成牧場に預けられる乳牛

もなお続いていると発信し続ける必要があるのです。そうした思いから、このブックレットの制作に臨みました。まずは2024年１月現在の「酪農危機」の現状と私が構想している「打開策」の一部に言及させていただきます。

「これ以上搾るな」としながら、バターを「緊急輸入」
酪農家に打撃与える乳製品輸入枠の「見直し」を

これは2023年12月時点の話です。北海道では農協単位で搾乳量を一定レベルまで減らさなければならないという目標を設定し、酪農家が懸命な努力を重ねていました。「指定生乳（していせいにゅう）生産者団体（以下、指定団体）」（**豆知識**参照）であるホクレンなどの生乳

販売連合会が引き受けられない生乳を「系統外（指定団体以外）」に出荷するなどして対応しようという措置が講じられています。にもかかわらず、政府はバターが足りないからと緊急輸入を決めました。酪農家には依然として「搾るな」と言い続けておきながら、国産の生乳があるのに緊急輸入とは実に理解に苦しむ話です。

乳製品には世界貿易機関（WTO）で定められた「カレント・アクセス」という制度があり、日本はチーズやバターを中心とする乳製品を毎年少なくとも13.7万トン輸入しています。それを政府は「国際的な最低輸入義務」と称していますが、そんな規定を明記した公式文書はありません。そもそも、この輸入枠は低関税の適用を要請しているだけで、米国に欧州連合（EU）、カナダは全量輸入したりはしていないのです。にもかかわらず、日本政府は国産の生乳を優先して供給するどころか、これに上乗せしてバター800トンを緊急輸入するとして譲らなかったのです。これでは酪農家が怒るのは当然というしかないでしょう。

本来なら13.7万トンの製品輸入を即座に国産に切り替え、国内で生産された生乳を使ってチーズやバターなどの乳製品を作り、生乳の生産基盤を強化して不測の事態に備えるのが理の当然。酪農家に減産を強いておきながら輸入を増やすとは何事かと言いたいですし、誰が見ても早く減産を解除すればいいじゃないかと考えるでしょう。簡単に「搾るな」と言いますが、母牛は毎日乳を子牛に与えなければなりません。この自然の摂理をゆがめれば乳房が炎症を起こすなどの健康状態に悪影響が出てきます。こうした弊害が出ないようにして、大切な牛の健康を維持するためにも酪農家は生乳を搾らざるを得ません。ところが、懸命に搾っても生乳の持っていき場がなければ廃棄するしかなく、牛を殺処分せざるを得なくなるわけです。そんなことはしたくない。だからと酪農家は搾乳を続け、価格交渉力では弱い立場に立たされがちな系統外に生乳を出荷せざるを得ない側面があることを見落としてはならないのです。（pp.20～27の**豆知識**参照）

乳製品の４割は輸入　うちチーズが８割
チーズとバターの国産化が急務

確かに現時点では系統外出荷を選択せざるを得ず、加工乳価より高い飲用乳価で引き取ってもらえているのは事実ですし、現状（2023年末）では指定団体の「プール乳価」より多少は条件がいいのです。プール乳価とは地域の指定団体ごとに出荷された生乳代金をまとめて平均した１キロ当たりの価格で、飲用向けが多い都府県では高く、加工向

生乳の質を左右するのは飼料構成だ

けが多い北海道は安くなります。加工向けには飲用との差額を考慮した補給金が上乗せされていますが、生産コストの上昇と乳価の低迷、設備投資の返済などで赤字経営を強いられている酪農家にとっては不十分極まりないのは当然です。飲用乳価はこの間キロ20円引き上げられたものの、少なくともさらに10円上乗せしなければ事態は改善されません（**豆知識**参照）。だから速やかに乳製品輸入を国産に切り替える策を講じる必要があるわけです。国内で販売されている乳製品の４割が輸入品で、その約８割はチーズ。国産化を急ぐ必要があるのは間違いないのです。

その際は酪農家への十分な経済的配慮が求められます。加工乳価のなかでもチーズ向けが最も安く設定されているからです。飲用や生クリーム用と違ってチーズは比較的長期保存が可能というのが、その理由です。さらに海外製品との価格競争もあります。「原料乳価が上がれば輸入品に対抗できなくなる」とするメーカーの主張は軽視できませんが、「国産原料で高級品を開発できないか」というメーカーも出てきています。ならば輸入品との価格差を政府が公的支援で補う体制を構築すればいいわけです。その実現に巨額の予算が必要かといえばそんなことはないのです。

ちなみにチーズ乳価の次に安いのがバター用乳価です。バター不足で緊急輸入との報道に接し、「それなら余剰分の生乳でバターを量産すればいい」と考える人は多いでしょうが、チーズ乳価同様バター乳価は安いため、やはり公的支援が欠かせないのです。バターを生産すると同時に脱脂粉乳ができるという課題もあります。たとえバターは不足気味でも脱脂粉乳の需要は低く、在庫を抱えるリスクが高くなる。さらにバターの製造ラインを持っている工場が日本には少ないのもネックになります。

バター不足は2008年、2014年、2023年と繰り返されました。どうしてそうなるかといえば、大手メーカー以外でバターの製造設備を持っている組織が限られるからです。乳製品のベースはバターと脱脂粉乳。長期保存が可能だからです。しかし、農協系など中小メーカーは飲用乳しか製造しておらず、バターやチーズといった乳製品の加工設備を持っていないケースが多いのです。だから飲用乳を「たたき売り」するしかなくなります。対して米国の農協が強いのはバター・脱脂粉乳工場をどこも持っているからです。

一方、日本では製造した飲用乳を何としても売り切るしかないメーカーが大半を占め、それが値段を下げての安売り競争の要因となり、それが乳価引き下げの圧力としても働きかねないのが現状です。また、前述したように2023年12月のバター不足の際に政府は緊急輸入を決めましたが、このとき大手２社を含む多くのメーカーは「生乳の減産命令を解除し、増産に切り替えてほしい」と要望しています。そうしたなか、大手１社が「減産継続」を主張して譲らず、一元集荷・多元販売で酪農家を支える協同組合組織の指定団体（後述の**豆知識**参照）や生産者団体が「減産継続」に同意したと聞き大変失望しました。さすがに2024年の春からは増産することに決まりましたが、何ともやるせない話です。

「牛を殺処分せよ」「これ以上搾るな」ではなく
生乳需要増、生乳１キロ10円の赤字解消のための支援策を

いまこそ政府には政策の大幅見直しと効果的な発動を求めなければなりません。北海道大学農学部准教授の清水池義治さんが試算されているように、短期的には脱脂粉乳の公的買い付けのための費用が必要

牛乳工場の製造ライン

です。予算規模としては160億円くらいでしょう。長期対策としてはチーズ向けの生乳奨励金制度を創設しなければなりません。対象となる生乳は約40万トン。政府が78億円から158億円規模の資金を投じて国内需要を創出し、輸入チーズを国産チーズに置き換えるわけです。私も260億円規模の予算を投じればチーズ用の乳価を輸入価格水準に引き下げられるのみならず、メーカーに原料の国産化を促すことができ、一連の乳価の引き下げ分を政府が公的資金を使って酪農家に直接給付する方法も採れると私は見ています。

「これ以上搾るな」「牛を殺処分せよ」と酪農家に命ずる生産調整ではなく販売調整に徹し、生乳の出口（販路）をつくるための有効な財政出動が切に求められてもいます。あとは酪農家が負担し続けている生乳１キロ当たり10円の赤字の解消です。直近の数字でみると１頭の乳牛からの搾乳量は年平均１万キロですから、乳牛１頭につき10万円の交付金を給付すれば何とかなります。予算規模は750億円くらいになるでしょう。

日本の酪農は国策に翻弄（ほんろう）され続けたといっても過言ではありません。北海道開拓もそうですし、戦地から帰還した農家の次男、三男を中心とする戦後開拓は食料増産のための国策によるものでした。開拓者の入った土地は荒れた土地で、当初は牧草以外の作物は栽培のしようがなく、牛を飼うしかない、酪農以外はできないところだったといいます。その苦難の歴史を知りながら、政府は何があっても日本の酪農を守るという姿勢を示そうとしなかったと指弾されても仕方がないというしかありません。

先般の「酪農危機」も2014年のバター不足に対する政府の対応に端を発しています。「畜産クラスター事業」という増産に向けた規模拡大政策を政府は採用し、酪農家は設備投資のために巨額の借金を背負いました。これで機械メーカーや建設会社は潤ったでしょうが、借金を抱えながら増産に励み、それがようやく軌道に乗ったところで新型コロナ禍に直面しました。すると今度は「牛を殺せ」と言われているのです。にもかかわらず、政府は「殺すと決めたのは酪農家さんです」と平然としているばかりか「我々はそれを助けてあげたのです」とまで言っているのですからお話にならないというほかないでしょう。

2008年の酪農危機の際は自民党農林族の層が厚かったし、酪農家を含めて農家の層も厚かった。当時は自民党もまだ農業者の意見に真剣に耳を傾けましたし、全国農業協同組合中央会（JA全中）をはじめとする農協組織も力がありました。それが環太平洋連携協定（TPP）で壊されてしまった感があります。いまや官邸に物申せなくなり、農林水産省の発言権は縮小するばかりで、財務省と経済産業省が官邸を牛耳っているという話まで聞こえてきます。かつては違った。自民党農林族と農水省とJA全中は「トライアングル」と称され、彼らが現場の声を受けて何をすべきかを決めて農政審議会にしっかり提案していました。ところが、安倍政権以降は農業の現場の窮状を何とかしようという話が政策的に出てこない状態が続いています。そもそも農政審議会など完全に無視です。農業政策も農政審議会ではなく、規制改革推進会議の上にある「未来投資会議」で決めているくらいです。農業政策の決定ルートが農水省ではなく経産省や財務省に変わり、JA全中が経団連に様変わりしてしまったような感があります。

この年、私は政府の農政審議会の畜産部会長を務めていました。このときはリーマンショックに端を発した穀物の国際相場の高騰が招いた食料危機を受け、「飼料価格がこれ以上上がったら国内の酪農・畜産はやっていけない」との危機感が高まり、「トライアングル」が動いたのです。当時は加工乳価の改訂は年１回とされていましたが、期中改定でもう１回引き上げ、飲用乳価にも１円ないしは２円を何回かに分けて上乗せするという公的資金による補てんの実施を審議会で決めました。同時に「政策が動いたから、次は民間取引のほうで取引乳価を上げてほしい」と各メーカーに要請し、取引乳価も20円ぐらい上がりました。このときも先述した大手１社が反対しましたが、何とか押し切って対応できたのです。この背景にも政と官の「変質」と農協組織の弱体化があり、それが乳業メーカーと指定団体の姿勢にも影響を与えている気がしてならないのです。

こんなことまでありました。新型コロナ禍による生乳需要の大幅な減少で余剰となった生乳を脱脂粉乳にして保管したのですが、その在庫を抱えきれなくなったため、政府と乳業メーカーと酪農家の３者で費用を拠出して処理することになったのです。北海道だけで牛乳１キロ当たり3.5円。総額350億円かけて対応したのですが、脱脂粉乳の在庫を抱えていない先の大手１社にも処理費用が支給されたというのです。これに北海道の酪農家が怒っているのです。なぜ、そんなことがまかり通ったのかといえば、くだんのメーカーとの力関係から表立って文句を言えない空気がそこまで支配的になってきているからではないかと大変いぶかしく思いました。

それにしても今回はまったくというくらい政策が機能していません。そこで業を煮やした私が、ある国会議員に「今回は酪農家から自殺者まで出てきている。どうするのか」と聞いてみたら「乳牛１頭当たり５万円の助成金を払うことに決まった。数日後に発表されるから待っていてほしい。酪農家には伝えていい」と言われたのです。この朗報を急いで酪農家に伝えると「これで一息つける」という声が数多く寄せられました。ところが、実際に出てきた政策は「１頭当たり都府県で１万円。北海道は７千円」の支援。これには心底落胆しました。

かつては「酪農家と一心同体」をうたった指定団体とメーカー
いまや大手１社の意向を「忖度」するかのよう

いまなお酪農家の経営難は深刻です。大多数が借金でしのいでいます。たとえ公的機関から金利と担保なしで融資は受けられても、それが枯渇すると銀行から借りなければならない深刻な事態に陥る可能性が高いのです。飼料代も高止まり状態になると補てん金は出なくなり、その支給も基金から借りる形で何とかやりくりしているのが実状です。この基金は個々の酪農家が拠出し合って運営され、その金利も酪農家が負担しているのですから、経営に影響がないわけがありません。自分たちの負担を増やして一時的に緊急補てんしている格好です。

なぜ、これほどまで飼料の調達に悩まされるのかといえば、戦後日本の酪農の起点に要因があります。米国の食料戦略が日本の酪農を支えてきたからです。自国産トウモロコシの大量在庫を何としても日本でさばきたかったのです。(**豆知識**参照)

米国は日本に対して「コメを食べるな」「小麦を食べよ」と洗脳政策を採りました。さらにトウモロコシと大豆も膨大に余っているから、何とか日本の酪農畜産を振興させて使わせようと考えたようです。食生活改善運動は米国の食料を効率良く売りさばくための日本人の〝胃袋改造〟を狙ったものでした。そもそも日本の食生活はタンパク質と脂肪が少なく、デンプンが多過ぎました。そのバランスをとっていくという意味ではプラスの側面もあったことは否めません。しかし、酪農・畜産には一定規模の土地が必要になり、北海道は別にして都府県ではままならないのが現実なのです。にもかかわらずできるようになったのは輸入トウモロコシを大量に使えば工場型の酪農、畜産でやっていけるモデルを米国がつくったからです。こうして土地がなくても牛は飼えて搾乳もできるとなって、日本の酪農は発展したわけですが、米国からトウモロコシが来なくなると一気にお手上げになってしまう構造が定着しました。

それ以前の1960年くらいまでは多くの農家が数頭の牛を飼っていました。基本は農耕用で搾乳もしていて、地域内の小さなプラントで処理していたのですが、高度経済成長期になって急速に専業化が進んでいきます。酪農専業化とともに大手乳業会社の「系列化」が一般化されていきました。明治、森永、雪印の三大メーカーが各地の酪農組合に「他社より高く買うから、うちに来い」と働きかけ、酪農家の「囲い込み」を図る熾烈（しれつ）な競争が展開されるようになります。こうしたなか、国内47都道府県単位に指定団体を立ち上げ、各酪農団体が出荷する生乳の一元集荷・多元販売を担う仕組みができました。加工原料乳生産者補給金等暫定措置法に基づいたもので1971年の話です。その後全国的な協調を強化するため、国内10の指定団体に集約し「生乳販連」ができました。

当時は北海道と府県の酪農家は飲用乳の出荷をめぐり、「もっと多く出したい」とする北海道と「それでは困る」という府県の対立が続いていましたが、加工用乳価に補てん金を上乗せする不足払い制度が導入されたことで収束が図られたのです。補てん金は指定団体に加入する「インサイダー」の酪農家にのみ支払われ、それ以外（系統外）に出荷する「アウトサイダー」は支給対象外ですが、これにより酪農家間の争いは抑えられ、秩序ある生乳出荷が可能となったのです。乳価は年に一度、乳業メーカーと指定団体との話し合いで決定され、東京という大消費地を抱えている関東生乳販連がプライスリーダーです。これを基準に国内10ブロックの乳価が決まるわけですが、ある地域は比較的安くなるなど地域差が出てきます。指定団体とメーカーは「酪農家とは一心同体」と言ってはいますが、近年は足並みの乱れが顕著になり、とりわけ大手１社の意向が強く働くようになってきているようです（**豆知識**参照）。

このメーカーが今回の強制減産解除にも同意せず、「絶対に減産させなければならない」と譲らなかったようです。そこはバターや脱脂粉乳を自社で多くは製造していませんから、自社製造する飲用分だけを「囲い込み」で確保できれば「あとの心配はない。だから余計なことをするな」ということかもしれません。同社は2008年の酪農危機の際も民間ベースの乳価引き上げ提案に唯一反対したといいます。当時は他社が声を合わせて乳価引き上げに賛成してくれたから何とかなりましたが、もはやかないません。そのくらい１社の力が強くなり過ぎ

生乳の大まかな流れ

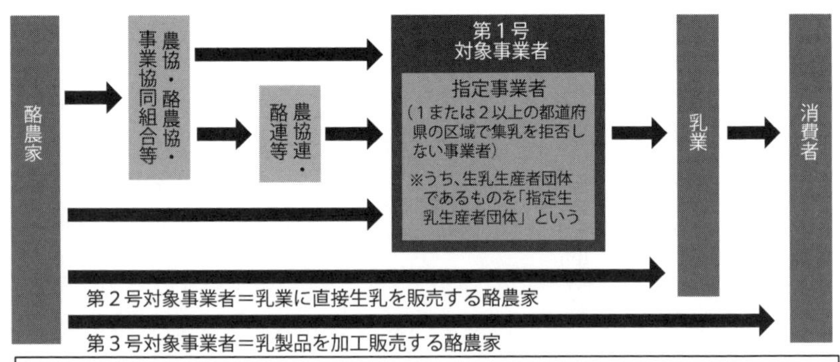

○対象事業者（第１～３号）は、毎年度、生乳または乳製品の年間販売計画を作成して農林水産大臣に提出し、基準を満たしているとみとめられれば、加工に仕向けた量に応じて生産者補給金等が交付（交付対象数量が上限）。

○ 第１号対象事業者のうち、集乳を拒否しない等の要件を満たす事業者は［指定事業者」として指定され、加工に仕向けた量に応じて集送乳調整金が交付。

資料：農林水産省［畜産・酪農をめぐる情勢」（令和６年２月）をもとに作成

てしまっています。どうして、こんな振る舞いが許されるのかといえば、業界全体が大手１社の顔色をうかがう図式が定着しているからではないかと推察するほかないでしょう。

なぜか「殺菌温度」に無関心な日本社会
北海道はもちろん、都府県の酪農を衰退させないために

いまの寡占独占構造が続けば、乳製品の生産基盤は疲弊縮小していきます。そうなると彼らもビジネスの継続が困難になり、やがては苦境に立たされるはずですが、そんなことを彼らは歯牙にもかけない様子です。繰り返しますが、自社製造する飲用分だけあればいいのです。加工向けについては考慮の対象ではなく、不足したら輸入すればいいくらいの考えでいるのではないでしょうか。だから平然と減産解除に

いまや姿を消しつつある瓶牛乳

反対し、これを受けた指定団体が生乳の引き受けに難色を示すような事態に至ったのです。

これが「一元集荷・多元販売」という指定団体の重要な役割を形骸化させ、指定団体以外への系統外出荷を促進しているとしたら、何とも皮肉なことですし、規制改革推進を説いてやまない一部財界人の思惑通りの展開です。多くの消費者は指定団体に出さなくても酪農家が損さえしなければいいのではないかと思うかもしれませんが、そうなると1971年に不足払い制度を立ち上げて北海道と都府県の酪農家の「南北戦争」を抑えてきた構造は壊れます。北海道からの飲用出荷が増えれば乳価引き下げは必至で、今度は安売り競争になる恐れが高くなります。それで製品価格が下がれば消費者はいいかもしれませんが、酪農家同士のつぶし合いという実に好ましくない事態を招きかねないのです。

実は不足払い制度を立ち上げたのには、もうひとつ大きな意味があります。貿易自由化や都市化の進展で都府県の酪農を存続させるのは困難になるのは残念ながら間違いないでしょう。だから北海道の酪農を支えなければならないし、いずれは北海道ですべてを賄う時代が来るという将来への備えです。つまり北海道だけは何としても存続させなければならないという最終目標を掲げたことを意味しますし、国会でもそういうやりとりになっています。その点、現実はかなり近づきつつあり、どんどん北海道のシェアが増えていっています。そうしたなか飲用乳の需要は頭打ちの状況が久しく続いています。その理由のひとつに殺菌温度の問題があります。日本では120℃２秒間の超高温殺菌（UHT）が圧倒的多数を占めていますが、これは生乳本来の風味を損ねてしまう方式で、イギリスや米国では販売されている牛乳の大半が63℃から65℃30分間の低温長時間殺菌（LTLT）です。

「おいしさ」という点で望ましいのは72℃15秒間のパスチャライズドの高温殺菌（HTST）でしょう。にもかかわらず、ここに目を向ける消費者が少ないのが残念でなりませんし、だからメーカーも考えようとせず、ひたすら生産効率を追求しています。日本の酪農家は相当に良いレベルの生乳を出荷しているのに「殺菌温度を下げたら危ない」とメーカーは一貫して応じようとしていません。生活クラブはパスチャライズド牛乳の共同購入で栃木県の開拓地域の酪農家や千葉県の酪農家を支え続けています。以前に開拓農協の全国大会で講演したとき、酪農家のみなさんが「生活クラブの取り組みに大変感謝している」と話していました。酪農家がしっかりと良いものを生産し、そこを消費者が評価している。生産と消費が支え合う形で頑張っているという構造はぜひとも大事にしていただきたいです。

北海道の牛乳費用合計と内訳（搾乳牛１頭当たり通年換算）

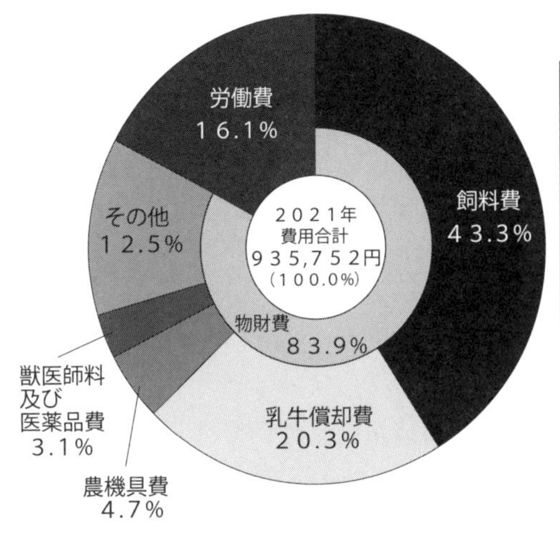

資料：農林水産省「令和３年度　畜産物生産費統計」をもとに作成

北海道の酪農家の平均的な経営状態（2022年）

搾乳牛飼養頭数	８５.３頭
１頭あたりの生乳生産量	９１８７kg
農業専従者数	６.３８人
粗収益	１億３９４５万円
農業経営費	１億３０７２万円
農業所得	８７３万円
労働生産性（事業従事者１人あたり付加価値額）	４７２万円

注：飼養頭数は月平均。数字は四捨五入したもの。

資料：農林水産省「令和４年度　農業経営統計調査」をもとに作成

都府県の牛乳費用合計と内訳（搾乳牛１頭当たり通年換算）

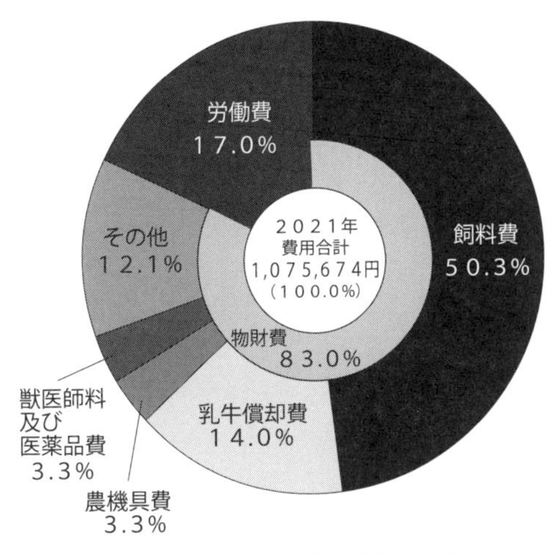

資料：農林水産省「令和３年度　畜産物生産費統計」をもとに作成

都府県の酪農家の平均的な経営状態（2022年）

搾乳牛飼養頭数	５１.０頭
１頭あたりの生乳生産量	９０５１kg
農業専従者数	４.８２人
粗収益	７５０６万円
農業経営費	６８１５万円
農業所得	６９１万円
労働生産性（事業従事者１人あたり付加価値額）	２２３万円

注：飼養頭数は月平均。数字は四捨五入したもの。

資料：農林水産省「令和４年度　農業経営統計調査」をもとに作成

ただし、ここまで生産者コストが上昇し、今後も下がる見込みがなく、ならば消費者が酪農家の窮状を改善しようと小売価格の値上げを受け入れるにしても、それには間違いなく限界があります。だからこそ政治の出番なのです。他国並みに「ホルスタイン１頭当たり最低限10万円を政府が払うという当たり前のことをやってください」と政府に要求し、生産者と消費者が頑張っても埋められないギャップを政府が直接支払いで埋めるように求めていかなければなりません。政府が何のためにあるのかといったら、両方で解決できないときの差を埋める役目をはたすためでしょう。そこを一緒になって考えてくださいということです。政府がやらないなら農協組織に動いてほしい。剰余金があるなら何らかの方法で農家に還元してほしいと思います。

SIDE STORY（豆知識）

【酪農家の仕事】

搾乳は朝晩２回（なかには３回以上）が平均的です。早朝５時には牛舎に行き、汚れた敷料などの掃除に飼料やり、子牛の哺乳などを済ませたら搾乳です。さらに牛の健康状態に重々気を配り、何かあれば獣医師に診察してもらい、牛の分娩（ぶんべん）にも立ち会うという365日「休日なし」の仕事といえるでしょう。いうまでもありませんが、母乳は妊娠出産のプロセスを経てつくられます。ですから、母牛が子牛を生まなければ生乳は搾れません。このため生後24カ月齢（２年）で初産を迎えるように酪農家は乳牛を飼育しています。ちなみに子牛が母牛の体内で育つ期間は10カ月とされています。

酪農家は乳牛を生後14から16カ月で人工授精し妊娠させ、出産後10カ

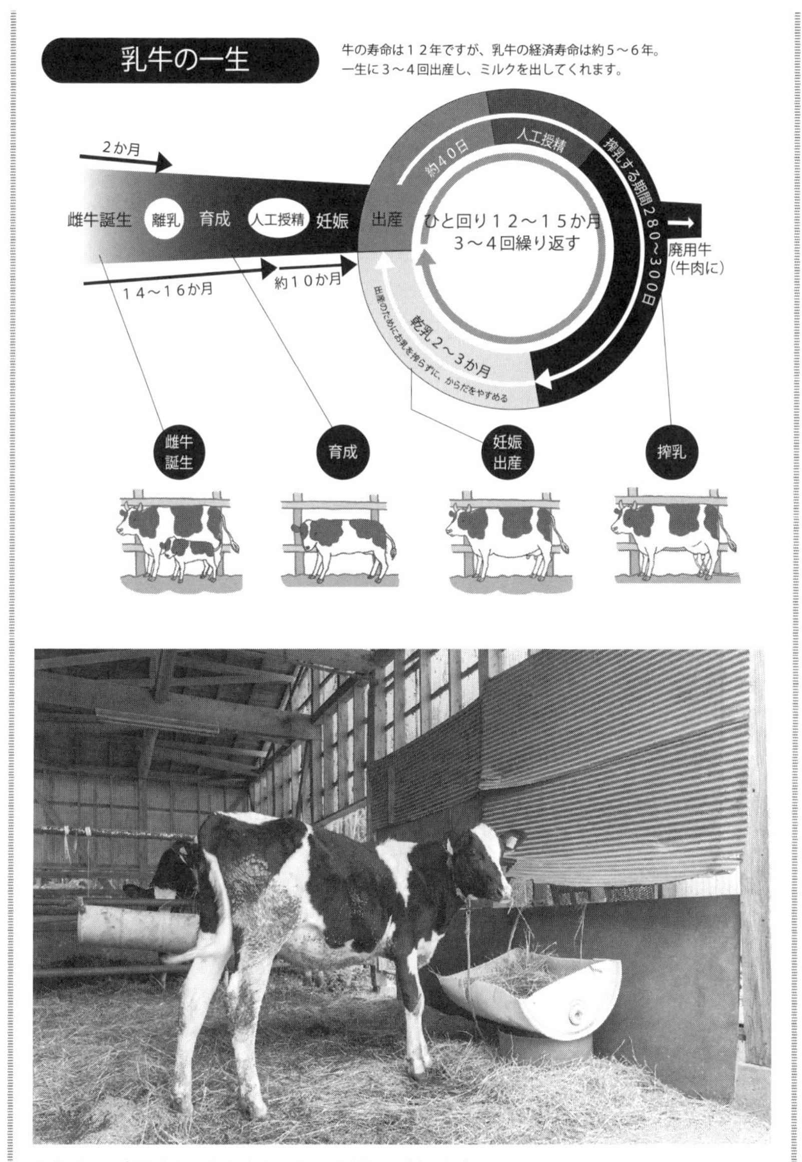

ともすれば子牛というと小さいものと思いがちだが

牛乳の製造工程

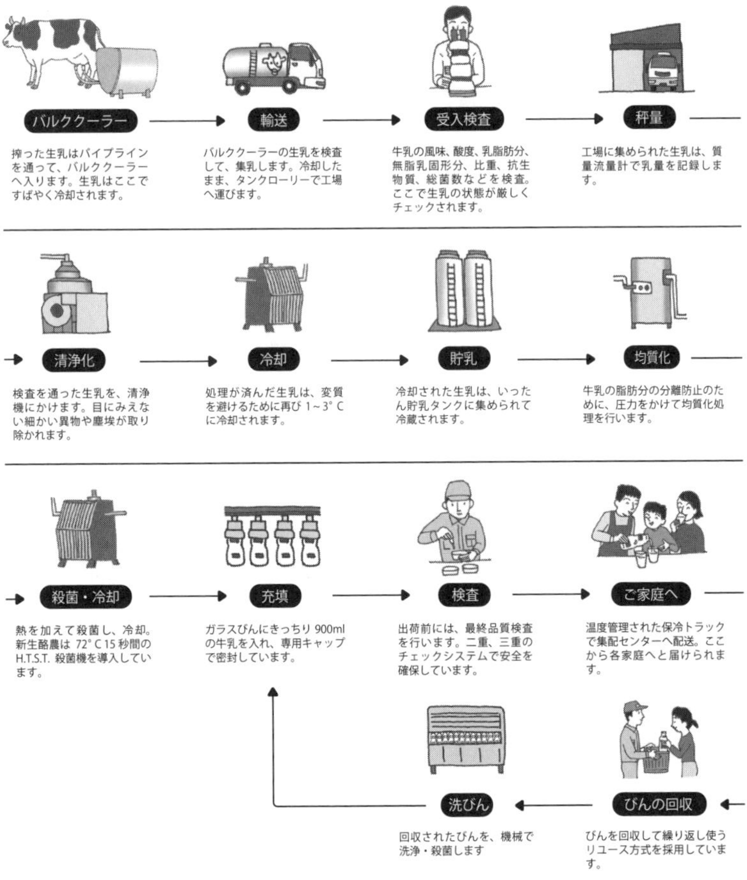

バルククーラー
搾った生乳はパイプラインを通って、バルククーラーへ入ります。生乳はここですばやく冷却されます。

輸送
バルククーラーの生乳を検査して、集乳します。冷却したまま、タンクローリーで工場へ運びます。

受入検査
牛乳の風味、酸度、乳脂肪分、無脂乳固形分、比重、抗生物質、総菌数などを検査。ここで生乳の状態が厳しくチェックされます。

秤量
工場に集められた生乳は、質量流量計で乳量を記録します。

清浄化
検査を通った生乳を、清浄機にかけます。目にみえない細かい異物や塵埃が取り除かれます。

冷却
処理が済んだ生乳は、変質を避けるために再び 1～3° C に冷却されます。

貯乳
冷却された生乳は、いったん貯乳タンクに集められて冷蔵されます。

均質化
牛乳の脂肪分の分離防止のために、圧力をかけて均質化処理を行います。

殺菌・冷却
熱を加えて殺菌し、冷却。新生酪農は 72° C 15 秒間の H.T.S.T. 殺菌機を導入しています。

充填
ガラスびんにきっちり 900ml の牛乳を入れ、専用キャップで密封しています。

検査
出荷前には、最終品質検査を行います。二重、三重のチェックシステムで安全を確保しています。

ご家庭へ
温度管理された保冷トラックで集配センターへ配送。ここから各家庭へと届けられます。

びんの回収
びんを回収して繰り返し使うリユース方式を採用しています。

洗びん
回収されたびんを、機械で洗浄・殺菌します

月が搾乳期となります。出産後50日までは泌乳初期、100日目が泌乳最盛期。１日に搾る乳量は１リットルパック50本分になるといいます。この際に母牛の体重は減少します。食べるエサの量が追いつかないからです。その後、次第に泌乳量は低下し、母牛の体重は増加し、農家は太り過ぎに注意しなければならないそうです。そして出産後280から300日前後は

乾乳期。この時期、農家は搾乳せず、次のお産に備えて牛を休ませています。その後、平均13～14カ月ごとに人工授精による出産を繰り返し、搾乳量が減る５～６年齢でリタイアが一般的とされ、肉用として出荷されます。このサイクル・ローテーション（24カ月＋10カ月＋12カ月＋α）を酪農家は数十頭もの牛を相手に続けているのです。

また、夏期には牛の食欲が減退し水分を多く取るため、生乳の乳脂肪が低下。逆に寒い季節には食欲が増して水分摂取量が減るために脂肪分が上昇するなど、生乳の質は季節ごとに変わること、個体差によって乳量・乳質に差が出ることも覚えておきたいです。

【指定生乳生産者団体（指定団体）】の機能と役割

酪農家が搾ったままの状態で出荷する生乳は、飲用乳を中心に乳製品の原料として使われます。その９割以上が各地の酪農協同組合（酪農協）などを経て、国内９ブロックごとに設立された「指定団体」に集められ、そこから乳業メーカーなどに販売されています（一元集荷・多元販売)。この背景には生乳は他の農産物のように貯蔵が利かない「生もの」であるため、集荷配送を短時間で済まさなければならないという食品原料としての特性があり、その流通に際しては衛生管理と温度管理を適切に実施しなければならないという理由があります。このように指定団体は生乳の効率的かつ迅速な集配送業務を担いつつ、季節によって変動する生乳の用途別需給を予測し、用途別販売量をコントロールしながら乳価を安定させる重要な役割を果たしています。

生乳の用途として一番大きなウエートを占めるのは「飲用向け」で、需要のピークは夏場です。しかし、この時期は牛も体力を消耗し、搾乳量が増えません。そこで指定団体は加工用に仕向ける量を減らし、飲用に振り当てる量を増やします。逆に冬場は搾乳量が増えますが、飲用の需要は低下しますので、今度は飲用を減らして、加工用を増やさなければなりません。こうした調整をしながら、指定団体と乳業メーカーとの間で生乳１キロ当たりの取引価格が決まります。

生乳の価格は指定団体によって多少異なりますが、近年は飲用が１キロ114円前後で取引され、加工用は飲用より１キロ当たり35円ほど低めの価格（80円程度）です。その価格差の一部を埋めるための措置として、政府は国内の酪農家保護を目的として加工用生乳１キロ当たり10円程度の「補給金」を拠出してきました。これを指定団体では飲用、加工用の販売収益に加えた形でプールし、輸送費やその他の経費を差し引いた金額を酪農家に支払っています。ただし、補給金を受け取るには生乳を指定団体に出荷するという条件を満たさなければなりません。これが指定団体による「共販制度」で、この制度ができる以前は、個々の酪農家グ

ペレット状の飼料

ループが巨大資本と交渉して生乳価格を決めていました。

【飼料】の中身

家畜の飼料には「粗飼料」「濃厚飼料」「特殊飼料」があります。粗飼料には稲わらや干し草、牧草や青刈りしたトウモロコシなどの飼料作物を発酵させたもの、刈り取った稲を発酵させたホール・クロップ・サイレージ（WCS）があります。これらは牛や羊、ヤギなどの反すう動物には欠かせません。濃厚飼料はトウモロコシやコウリャン、大麦、コメなどの穀物が中心で、米ぬかや製粉後に残った小麦の表皮（ふすま）、製油後に出るナタネや大豆の搾り粕（かす）、精糖後のビート粕にビール粕なども使われています。特殊飼料はビタミン、ミネラルなどの飼料添加物です。これら３種をいかにブレンド（配合）するかは各農家が指定し、飼料メーカーが製造を担っています。いまやトウモロコシは遺伝子組み換え作物（GMO）が主流となりました。

2020年における日本の粗飼料の自給率は76パーセント、濃厚飼料は13パーセントです。日本の飼料需要（TDNベース）は年間2500万トン前後ですが、うち80パーセントを濃厚飼料が占め、特殊飼料も大部分が輸入品です。近年では飼料用米を活用する農家も増えてきました。ちなみにTDNは家畜が消化できる養分の総量で、人間のカロリーベースの考え方に近い数式で算出されます。確かに粗飼料の自給率は高いのですが、広い面積の畑地を保有できる地域は限られます。とりわけ宅地化の進む都市近郊の農家にとっては難しい課題といえるでしょう。また、北海道、都府県といった地域性や経営規模や飼育方法によって異なるため、一概にはいえませんが、持続的な生乳（牛乳・乳製品の原料）生産のための望ましいコスト割合は「飼料代50パーセント、設備費・ローン返済など30パーセント、残り20パーセントが農家所得」と話してくれた酪農家もいます。いまや飼料代は60 ～ 70パーセントに達しているとされます。設備費も上昇し、ローン返済は待ったなしの状況です。

【乳価】の内訳

乳価は飲用（部分脱脂乳を含む）、加工用に大別され、後者には発酵、生クリーム・アイスクリーム、バター・脱脂粉乳・チーズの用途別乳価が設定されています。飲用が最も高く、加工用は上記の順で価格が安くなります。報道される乳価は指定団体の「関東生乳販連」の引き取り価格で、これをもとに各地の指定団体が乳価を決めています。加工乳価が飲用よりも低くなるのは「保存性」の視点に基づき、関東の飲用乳価が

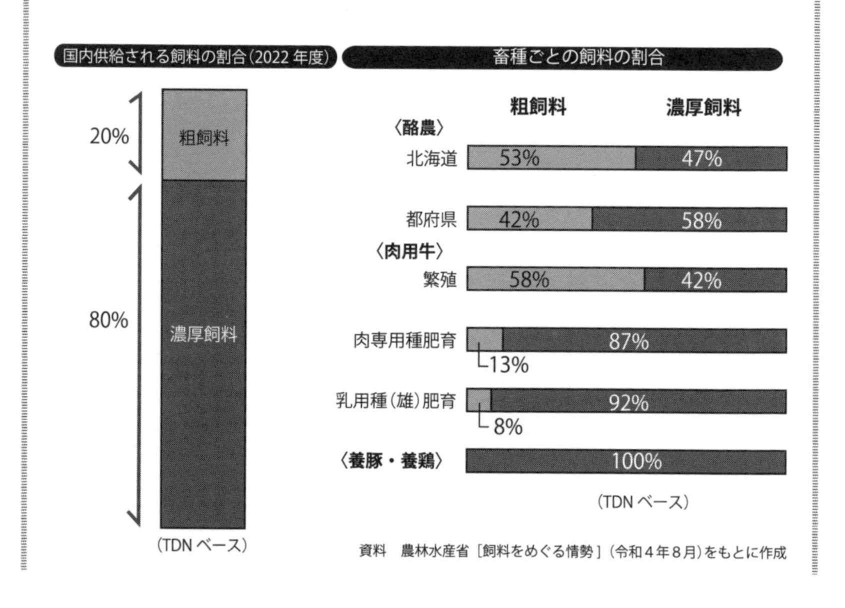

資料　農林水産省［飼料をめぐる情勢］（令和４年８月）をもとに作成

高いのは大消費地に近いという理由があります。

第１章からは「バック・トゥ・ザ・ニアリー・パースト」。いまに近い「昔」を振り返ります。過去の話かと受け流していただいては困ります。そこに「いま」の危機の起点を見るからです。

第１章

新型コロナ禍で2020年後半「悪夢再来」で不足から一転
「生乳廃棄」と脱脂粉乳が過剰在庫に

東京大学大学院教授　鈴木宣弘

2021年末に続き、2022年１月にも「生乳廃棄」の恐れを政府は訴え、当時の農林水産大臣が報道陣の前でコップ１杯の牛乳を飲むなどして、消費拡大を呼びかけました。酪農家をはじめ、関係者の窮状を考えれば、むろん歓迎できる動きですが、ほんの少し前まで国内の生乳生産量はバター不足が社会的な問題になるほど減少していたはずです。それが一転、過剰となりました。新型コロナ禍（以下、コロナ禍）の影響が大きかったのはわかりますが、他にも悩ましい理由があります。

複数のマスメディアが生乳廃棄の危機を大きく取り上げ、政府が異例の呼びかけをした背景には、乳業メーカーや酪農団体からなる業界団体「Jミルク」の試算がありました。それはコロナ禍の影響で業務用と家庭用の販売量が伸び悩むとともに冬と春の休校期間に学校給食がなくなり、生乳の消費量が減れば廃棄の恐れが高まることを示唆したものです。これをもとに政府が動き、牛乳の消費拡大を呼びかけたことで社会的な関心が生まれたのは事実でしょうが、乳製品の消費低迷の背景にコロナ禍で収入が大幅に減少し、牛乳が飲みたくても買えない人がいるため需要が顕在化してこないという要因があると政府が真剣に考えたかといえばいささか疑問に感じました。

一方、生乳生産に目を転じれば全国の生乳生産量は2003年から2018

年までの15年間、ずっと減少傾向にありました。北海道がなんとか頑張って伸ばしてくれているから、どうにか足りていたのが実情で、むしろ全体的には不足基調だったのです。事実、2014年にはバター不足が顕在化しています。それを何とかしようと頑張った結果、2021年は北海道の生乳生産量が前年比104パーセント、都府県の生産量も前年比101パーセントの伸びが見込まれました。何とか供給は持ち直したかたちになりました。それがコロナ禍を機に一転し、過剰であるとして今度は酪農家が減産を余儀なくされる事態に陥ったのです。

これに北海道の酪農家からは「足りないから増やせと言っておきながら、突然、減産せよとは何事だ」と怒りの声が上がりました。コロナ禍前まで政府は生乳増産の必要ありとして、飼育頭数を２倍にする

国産の生乳は余っている?いや足りない?

とか、設備を増強して牛舎を大きくする、新規購入するなどして増産に努めれば補助金を出す「畜産クラスター事業」を推進してきました。それが今度は「減産せよ。搾るな」となったのですから、はしご外しもいいところでしょう。おまけに「牛を処分すれば１頭につき５万円支払う」という通達まで出しました。その政府がマスメディアを通して牛乳の消費拡大を呼びかけ、問題解決のために積極的に動いたという印象を多くの方が持ったことに何とも釈然としない思いを抱いたのも、また事実です。

求められる、政府の「公的買い付け制度」の導入
国内外の「買いたくても買えない人」の支援も

メディアが積み上がるバターや脱脂粉乳の在庫と乳業メーカーの負担増を「生乳5000トンが廃棄される」と盛んに報じていたころ、「実際のところはどうなのですか」と乳業メーカーに私が聞いてみると「そこまでにはならないだろう」という答えが返ってきました。ただし、廃棄はしないまでもバターや脱脂粉乳の在庫が増え、たとえ生乳が処理できたとしても乳業メーカーには重い負担がのしかかっていたのは事実です。飲用は消費期限などの関係で日持ちが悪く、販売数量も限られているため、バター・脱脂粉乳にして保存するしかありません。その在庫が積み上がってしまうのですから、確かに大変な状況であったわけですが、１日の処理能力を超えてしまうまでにはならないというのです。この情報を総理周辺は把握していたとされていますから、自ら牛乳を飲もうと呼びかけをしたことが「成果あり！」の成果を生んだとアピールできるかもしれないと考えたのかもしれません。

そうしたなか、2020年に政府が食料・農業・農村基本計画を策定す

生乳が余っているならバターにすればというが

るにあたり、生乳の生産目標について「とにかく生産を増やさなきゃいけない」と真っ先に動いたのは乳業メーカーでした。当時は雪印メグミルク社長が乳業協会の会長で「搾ってくれれば我々が全部引き受ける。生産目標は800万トンでいい。これから生乳は足りなくなる。だから酪農家を我々が支える」と明言していました。結局、政府目標は780万トンになりましたが、乳業メーカーが出した800万トンという数字は酪農家への「安心して生産してくれ」という心強いメッセージになったはずです。以後も主たる乳業メーカーの姿勢は一貫して変わらず、新型コロナウイルスの感染拡大が始まってからも頑張って酪農家を支えてくれていたのですが、その力に少なからず陰りが出てきているのが悲しいことに現状といえるでしょう。

他国ではバターと脱脂粉乳の国内在庫が増えて処理できない場合は、

その仕事を乳業メーカーだけに押しつけず、政府が積極的に買い上げています。コメや穀物も同様の扱いです。穀物と乳製品は政府が必ず買い上げ、国内外の援助物資に回しています。今回、それを日本政府もやるべきだったと私は思っています。乳牛は種付けしてから２年ぐらいしないと搾乳できませんから、需給には必ずブレが生じます。当然、余ったり足りなくなったりを繰り返すのです。その調整を他国では政府が責任を持って引き受けていますが、日本政府はまったくというほど対応していません。先に申し上げたように、コロナ禍で収入が大幅に目減りしたことで飲みたくても、食べたくても買えない人が増えているのですから、その人たちに政府が買い上げた牛乳や乳製品をフードバンクや子ども食堂を通して届ける仕組みも必要になってきます。

メーカーに在庫を押しつける
生産者には「搾るな」と迫るだけではない政策立案を

一部にはバターを安売りすればいいという声もあるようですが、在庫が増えているのは業務用バターと脱脂粉乳です。業務用は外食や加工食品、製菓・製パン、飲料メーカーで使用される大容量の製品で家庭での使用には残念ながら適していません。さすがに乳業メーカーも耐えきれなくなってきており、指定団体などと相談しながら酪農家に生産抑制を求めることを検討していたといいます。それも一筋縄にいく話であるはずがないのです。これまで牛の飼育頭数を増やしてきたわけですから、淘汰（とうた）を早めて肉にするといっても、そんなに簡単な話ではありません。だから、そんな愚行を犯さないように他国は乳製品をほとんど輸入していません。対して日本だけが信じられ

なぜかクリスマスが近づくと不足するバター

ないぐらいの大量のバターと脱脂粉乳を輸入しているのですから嫌になります。

　これはあくまでも私見ですが、日本政府が公的買い付けを実施し、国内外の消費者支援に回そうとしないのは、日本政府が『援助』という言葉を口にするだけで米国が警戒するからでしょう。それは日本が米国の市場を脅かす振る舞いであり、手を出すなと圧力をかけられ続けているからではないかと思うのです。日本からの支援物資が届けられると、コメにしても乳製品にしても自国の国際市場占有率が損なわれる可能性があるとして、米国が嫌うのではないかと私は見ています。彼らは日本が国内の消費者支援のための公的買い付けを実施することについても、自国からの輸入量が減ることを懸念しているのかもしれません。そんな米国の顔色を日本政府は常に意識し、手足を縛られたようになっているとしたら、何とも情けないことのような気がしませんか。

メーカーに在庫を負担させるだけではなく、生産者に『搾るな』と言うのではなく、生乳は必ず余ったり足りなかったりという状況が起こりやすいのが保存の利かない生鮮品なのですから、最終責任は政府が持つのが当たり前。他国のように政府が買って、援助したり保管したりしていかなければ、同じことを繰り返してしまうのは無理なからぬことなのです。

そうしたなか、政府の補助金が有効に機能しているのが学校給食です。給食用の牛乳は補助金が出ていて、それが普及の力にもなりました。いまや国内の牛乳消費量の10パーセントを学校給食が占めています。頼みの綱の学校給食が止まってしまう期間を乗り越えるには、私たちが意識して乳製品を購入することと合わせて、公的買い付けを是とする政治の実現を求めていくしかないと申し上げたいです。

第２章ではさらに「過去」に戻ります。ここにも「いま」の危機を招いた要因があります。

第２章

2018年の生乳生産量は「不足基調」だった
酪農家を襲った「トリプルパンチ」の大打撃

東京大学大学院教授　鈴木宣弘

誠に残念ながら社会から強い関心こそ向けられませんでしたが、私は「2018年の夏に牛乳が品薄となり、小売店の店頭から姿を消す恐れが出てきた」と警鐘を鳴らしました。農水省の「食料需給表」によれば、2015年度の牛乳乳製品の自給率（重量ベース）は62パーセント。

昔は集乳缶で生乳を工場へ

飲用乳は100パーセントを維持していたのですが、2000年度には約850万トンだった搾ったままの生乳生産量が2015年度には約740万トン、2017年度は725万トン程度になり、指定団体を経由した出荷量が30年ぶりに700万トンを切ってしまいました。都府県を中心に家族経営の酪農家の廃業が相次いだからです。確かに生乳の年間出荷量が1000トン超の「メガファーム」も出てきていましたが、国内生産量を回復させるまでには至っていなかったのです。当時の生乳生産量を考えると、早ければ2018年夏にも国産牛乳が品薄になる可能性があるのではないかと不安を覚えたのです。

背景には政府の諮問機関の「規制改革推進会議」が「指定団体が酪農家から生乳販売の自由を奪っている」と批判し、その機能の見直しを主張したという経過がありました。規制改革推進会議は「たとえ指定団体に出荷しなくても、酪農家が補給金を受け取れるようにしなさい」と要求し、政府は生乳の全量出荷という原則について「部分出荷（二股出荷）を拒否してはならない」という法改正を進めました。確かに自分で搾った生乳を自分で牛乳や乳製品に加工したいと考え、自前の工場を持っている酪農家もいますし、自分が搾った高品質の生乳を他の酪農家が出荷した生乳と混ぜてほしくないから「指定団体には出荷したくない」と訴える酪農家もいます。さらに指定団体のような卸売機能を持った民間企業の参入もあり、そこに生乳を出荷する大規模経営の酪農家も出てきてはいます。

しかし、大多数の酪農家は従来の流通方式を支持しているのです。酪農家は共販制度の見直しが自らの所得向上にはつながらず、いずれは買いたたきによる乳価の下落リスクが高まると考えていました。つまり、乳価の先行きが不安定かつ不透明な状況に置かれたと見ていたわけです。これが、国際化の動きと併せて、酪農家を廃業に向かわせる要因の１つもになりえます。併せて乳牛の初妊牛価格が10年前（40万円程度）の倍以上の１頭100万円に届く水準で高止まりしている問題もあります（2018年時点）。今後の乳価の安定が見込めないなか、高い初妊牛を導入するよりも廃業を選ぶ酪農家も少なくありません。この数年は乳価も上がって所得も安定していることから、「いまやめれば借金を残さずに済む」と判断して廃業する人も少なくないようです。少子高齢化の影響もあります。子どもはいても「どうしても長時間労働になる仕事だから」との理由で後を継がない、あるいは親が継がせたくないと考える人もたくさんいます。そこに乳製品の輸入自由化の荒波が押し寄せてきているのです。

実は日本の酪農は「トリプルパンチ」ともいえる３つの深刻な問題に直面していました。その１つがいまお話しした指定団体の共販制度見直しであり、あとの２つは環太平洋連携協定（TPP）に参加していた12カ国のうち、米国を除いた11カ国で構成されたTPP11ならびに日欧経済連携協定（EPA）における合意です。日欧EPA（2017年12月合意）では、EU産チーズに対する関税の実質的撤廃が決まりました。この決定の伏線になったのがTPPです。その交渉で米国は「チェダーやゴーダといったハード系チーズの関税を完全撤廃せよ」と日本政府に要求しました。これを日本政府は受け入れ、「ただし、カマンベールなどのソフト系チーズは守った」と国内向けには発表したのです。

「食」が足りなければ輸入すればいい政治がもたらす一部の富裕層しか「牛乳」が飲めない社会

その後、米国のトランプ政権がTPPへの不参加を表明しましたから、本来なら米国産ハード系チーズへの関税の完全撤廃は白紙のはずです。

ともすれば店頭から消えるかもしれない牛乳

ところが、その米国との取り決めを日本政府はそのまま日欧EPAにスライド適用し、おまけにカマンベールなどのEU産ソフト系チーズの実質的な関税撤廃（EUからの輸入枠を無税とし、枠を順次拡大する）にも合意してしまったのです。さらに米国抜きのTPP11（2018年３月合意）ではバターと脱脂粉乳の輸入枠を年間７万トンにすることが決まりました。この輸入枠はTPP交渉での米国も含めての約束です。最大の当事者の米国がTPPから離脱したにもかかわらず、７万トンの輸入枠はそのまま残し、日本政府は米国の分もオーストラリアやニュージーランドなどに与えてしまったのです。当然、両国は大喜びですが、こうなると米国も黙ってはいないでしょう。日本との２国間協議や自由貿易協定（FTA）で「自分たちにも別の輸入枠を用意せよ」と必ず要求してくるはずです。

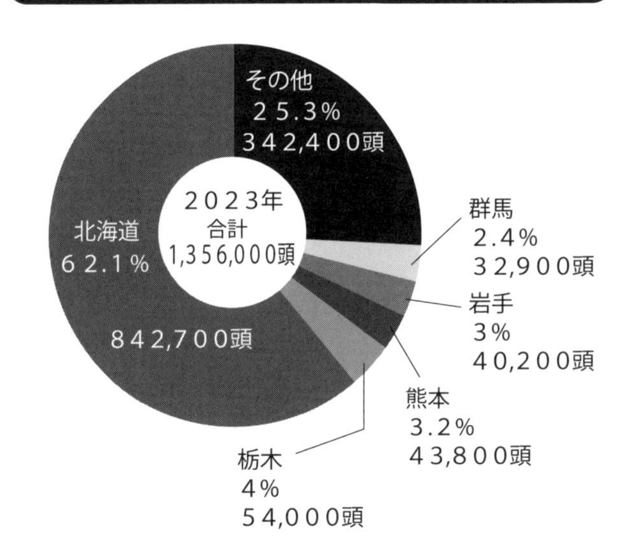

資料：農林水産省［畜産統計」（令和５年２月１日現在）をもとに作成

輸入自由化で外国産の乳製品が国内市場に大量に入ってくれば、国産の乳製品は激しい価格競争を迫られるでしょう。その結果、国内で生産される生乳の需要が減少すれば、乳価に深刻な影響が出てくるのは当然です。酪農家の自由意思に基づく取引といえば一見聞こえはいいですが、当初は「高く買うよ」と言いながら、結局は自分たちの利益だけを優先して買いたたくのが巨大流通資本の手法です。そんな買いたたきの構造が定着すれば、酪農家の所得は減少の一途をたどり、離農が加速化して国内の酪農生産基盤は崩壊してしまうと私は考えました。その怖さに日本の消費者が全然気が付いていないのが一番心配だとも考えたのです。

2018年は頼みの北海道でさえ大幅な増産は厳しい状況にあり、かつて酪農王国といわれた千葉県でもどんどん酪農家が減っていました。マスメディアを通じた世論誘導の「チーズが３割安くなる」といった甘言に乗せられているうちに、今夏は飲用乳がときどき店頭から消えるかもしれないと、私は強い危機感を持ったのです。いうまでもありませんが、新鮮な飲用乳は輸入できません。足りなくなった、無くなったからと海外から容易に持ってくるわけにはいかないのです。今後も生乳の国内生産量が減り続ければ、飲用乳の価格は当然高くなるでしょうし、将来的には一部の富裕層しか口にできない貴重品になる可能性も出てきたと私は訴えました。実際に政府は同年に脱脂粉乳の輸入枠を２万７千トンに、バターの輸入枠を１万３千トンに増やすと発表したのです。牛乳不足を補うために、バターと脱脂粉乳に水を加えた「還元乳」を作るためかと勘繰りたくなるような決定でした。

食料自給の要の「牛乳」と「コメ」
貴重で大切な生産する力を低下させていいのか

消費者が何より警戒しなければならないことがあります。現行の政治からは国民が暮らしていくために不可欠な食料の国内生産を守っていこうとする姿勢がまったくというくらい感じられなくなっています。カロリーベースで４割に満たない食料自給率の日本で、コメと飲用乳だけは「自給」に近い生産量を誇っているのに、それらをあえてつぶしていくような政策を政府は次々と打ち出します。その最たる例の１つが生乳の共販制度の見直しでした。酪農家が搾ったままの状態で出荷する生乳は貯蔵による長期保存ができず、迅速な集荷と流通が求められる「生もの」です。そうした食材の特性を考慮し、整備されたのが指定団体の共販制度であり、彼らは乳価の値崩れを防ぐ役割を果た

飼料の国産化の中心的存在はコメだ

しているのです。

前述したように生乳の用途は飲用と加工用に大別され、加工用は飲用より安い価格で取引されています。この差額の一部を政府は「補給金」という形で指定団体に交付しています。ただし、政府の補給金を受け取るには、搾った生乳を指定団体に出荷するという条件を満たさなくてはなりません。これが国内で生産される生乳の９割以上が指定団体に出荷されている理由です。そうした強みがあればこそ、指定団体は生ものである生乳の特性に即した効率的な集荷配送が実現でき、流通資本に対する価格交渉力を発揮できるのです。それは国民の生命を守る食料の安定生産と安定確保を支える生産者組織の協同事業には、独占禁止法（以下、独禁法）を適用せず、その事業を何としても存続させるという政府の使命に基づく行為です。

にもかかわらず、「規制改革推進会議」の答申に沿って進められた2018年の法改正は、補給金の交付条件を指定団体への「全量委託」から「部分委託も可」とするもので、生産者組織による協同事業を骨抜きにし、弱体化させる危険性を大いにはらんでいます。

一方、世界の流れはまったく逆です。国民のための食料の安定生産を担う組織を政府が支援し、独禁法適用除外も当たり前とされています。なかでもカナダの動きは注目に値します。カナダにはすべての酪農家が参加する「ミルク・マーケティング・ボード」という団体が州別にあり、そこに政府が大きな権限を与えています。カナダ政府は酪農家にミルク・マーケティング・ボードへの全量出荷を義務付けているだけでなく、どのメーカーにどれだけの量の生乳を出荷するか、乳価はどうするかについても酪農家の発言権を認めているのです。そのぐらい生産者に権限を与えないと持続的かつ安定的な食料確保は実現できないとの意気込みで保護政策を徹底しています。

ところが、日本だけが生産者の協同事業にも独禁法を厳格に適用し、生産者組織をずたずたにする方向に歩もうとしているのです。その先陣を切らされたのが酪農です。日本の酪農家は自分たちを守ってくれる政策もないまま、自分たちを守るための組織が骨抜きにされるという苦境に立たされてしまいました。青果物の共同販売に全量出荷義務を課さない国は日本以外にもありますが、「規制緩和」という名目で、青果物とは商品特性がまったく異なる生乳の全量出荷原則をなくしてしまったのは世界的に見ても日本だけなのですから、世界に例のないとんでもない間違いを犯したことになるといったら過言でしょうか。

日本では加工向けの生乳に１キロ当たり10円程度の補給金が加算されていますが、それはほとんど固定支払いであり、実際の乳価とコストの変動に対応しているわけではありません。1990年代までは加工原

酪農家の危機は私たちの「食卓の危機」と
鈴木宣弘さん

料乳価の生産コスト割れに対応した制度があったのですが、2000年以降は、どんな事態になっても１キロ当たり10円程度しか支払われない仕組みに後退してしまったままです。さらに飲用向けの生乳には、そもそも生産コスト割れに対応した補てん措置も固定支払いも採られていません。要するに全体として最低限必要な所得を下支えする仕組みにはなっていないわけです。

これでは酪農家の所得が低迷するのは当然です。指定団体の共販制度を見直すというなら「せめて政策で酪農家を守れ。私たちの基礎食料の安定生産を守れ」と、消費者も政府に強く求めていく必要があるでしょう。

第3章

酪農家の思いを聴く
何が都市近郊酪農を追い詰めているのか？

千葉県茂原市の酪農家　大塚優さん

大塚優さん（78）が夫婦で酪農を始めたのは1968年です。搾った生乳を生活クラブ生協連合会と提携関係にある新生酪農株式会社に出荷するようになったのは1980年代。以後40有余年、生活クラブの牛乳利用量は低迷と回復を繰り返し現在に至っています。その間の歩みと現状について大塚さんに聞きました。

田んぼに畑、牛を飼う
それが当たり前の時代だった

――酪農を始めて何年になりましたか？

今年で56年になります。私は7人兄弟の末っ子で跡継ぎというわけではありません。工業高校に進んで一度は会社勤めもしましたが、好きな牛の世話がどうしてもしたくなってね。22歳で結婚し、連れ合いの家の婿養子になりました。生活クラブが生協になった1968年の話です。どういうわけか私は子どものころから動物好きで、ウサギを飼ったり、ヤギも飼ったりしているうちに、他の人が育てているヤギよりも体が大きく、乳をいっぱい出してくれるようにするにはどうしたらいいか、ウサギをより大きくするにはどうするかということに夢中になれた。それは乳牛（ホルスタイン種）も同じ。親の血統にエサの中

もはや廃業やむなしと去る者多しと大塚優さん

身に給与量、日々の接し方やら総合的な要因があるわけです。そこに腕の見せどころがある。だから楽しいんですよ。

――そこまで牛が好きになったのはいつごろですか？

工業高校に進み、卒業したら会社勤めをしようと考えていた時期もあったのですが、３年生になって畜産科の仲間と子牛を見に行ったりしていたら「これは楽しそうだ」という気持ちになってきた。それでも一度は製鋼会社に就職しました。ところが、いい牛を育てる仕事のほうが魅力的で自分に合うと思って退職した。どうしてそんなに牛が好きになったのかといえば、忘れられない思い出があるからです。私の実家は農家で、一番上の兄と私より３歳年上の兄とで田畑を耕していました。あるとき「２人で同じことだけをしていても仕方がなかろう。牛を飼ったらどうだ」とおやじが言い、兄が牛を飼い始めたのです。この兄が会社勤めに出ることになり、長男が牛の世話を始めた。ところが、搾乳しようとしても牛が暴れてどうにもならない。かわいがってくれた人以外に触らせるものかという勢いだった。私は牛がそこまで人に懐くものかと驚き、言葉にできないくらいのかわいらしさを感じました。それが私の酪農人生の原点です。

この付近（千葉県茂原市周辺）の農家の経営面積は田んぼが７反(7000平方メートル）か、多くて１町（１ヘクタール＝１万平方メートル）ぐらい。北海道の農家の平均耕作面積は33.1町ですから、とても大きいとはいえない規模でしょう。戦後の農地解放で減らされたわけです。もともと農家はコメを作り、稲わらで編んだムシロやカマス（ムシロを二つ折りした袋）を売って生計を立てていたのですが、それだけでは厳しいわけです。そこで戦地から帰ってきた人たちが牛を飼い、私のおやじも同じ選択をしたのです。とにかく食料難の時代ですから、牛乳が必要とされたのです。そのころはどの農家にも３頭くらいはいましたよ。

当時の農家はだれもがコメや野菜を作って、その合間に搾乳し、牛舎から出る排せつ物で堆肥を作って田畑に還（かえ）すという完全循環の農業に取り組んでいました。自動車なんてありませんから、私も搾った生乳を１斗（＝18リットル）缶に詰め、自転車の荷台の両側に下げて集乳所がある二宮まで運んだものです。そこに地域の農家30軒から生乳が集まり、地元の牛乳工場に出荷されていました。当たり前のように搾りたての生乳が飲める暮らしで、私も毎日２リットルは飲んでいました。いまも達者で暮らせているのは、そのおかげかもしれません（笑)。

最初は夫婦２人で30頭
とにかく働きがいがあった

――お連れ合いと２人で何頭の牛から始められたのですか？

30頭です。当時は１町（約１万平方メートル）の水田でコメを作り、牧草も栽培していました。これで牛の世話までかんぺきにやろうと思ったら、いくら若いといっても身が持ちません。やむなく牧草はアフリカのスーダンなどからの輸入品を買うようになり、これに濃厚飼料を配合しても、当時は飲用乳価の５割以下のコストで収まりました。これなら何とかやっていけるし、朝晩２回の搾乳に、牛舎の掃除、排せつ物の堆肥化と365日働いても手応えを感じる暮らしができたわけ

3度の食事より牛が好き。だから続くのが酪農という

です。当時、市役所に勤めていた友人の月給が15万円で、うちは２人で50万円。向こうは休日ありの１日８時間労働で単純な比較はできませんが、とにかく頑張れば頑張るだけのかいがありました。

――そうなると規模拡大したくなりませんか？

そりゃあ、なります。でも土地がない。うちには田んぼ１町と山裾の傾斜地に３反（約3000平方メートル）の畑があるだけでした。そこに牛舎から排出された排せつ物を堆肥にして入れてきましたが、飼育する牛の頭数が増え、排せつ物が増えればどうにもならないわけです。たとえ頑張って堆肥を作っても持っていく土地がないのです。その後、茂原市と農協とで堆肥センターをつくってくれ、40頭までは増やせましたが、これに費用がかかりすぎて結局は「とても補助できない。お宅たちが代わりにやってください」となって、また自分で堆肥を作ることになったという経過があります。どんなに頑張ろうと思っても、年をとったら簡単にはできなくなります。

先が見えないなか、
酪農家が生産を続けていくには？

――先ほど飼料代が乳価の半分以下であれば、持続可能な経営ができると伺いました。それが現在は６～７割の水準になっていると報じられています。乳牛の飼料は牧草が中心ですが、その価格が上がっているだけでなく、トウモロコシなどの濃厚飼料の相場が国際的に高値安定の状態にあるからです。また、乳価には飲用と加工用があり、加工乳価は発酵、クリーム、バター・脱脂粉乳、チーズと用途別に分類されています。酪農家は自身が指定団体に出荷した生乳が、どこに、どういう用途で、どれだけの量が販売されたかを知ることができているのですか？

厚生労働省が乳等省令で定めた牛乳の成分規格には「乳脂肪分3.0パーセント以上」とありますが、実際の商慣取引に適用される指定団体のガイドラインは「3.5パーセント以上」とされています。乳脂肪分が3.0パーセント以上であれば「牛乳」と認めると省令は定めているのに、実際の取引ではガイドラインが適用されるという現実があります。この悩ましい問題には飼料が深く関係してきます。最も問われるのは牧草の質だろうと私は見ています。それで3.0以上はクリアできるはずですし、どんな牧草を選ぶかによって牛の体調、乳質や乳量は大きく変わってきます。そんな牧草を自分で栽培できればいいのですが、土地もなければ労力もかけられないとなれば輸入品を買うしかありません。その価格が上昇し、思うように手に入れられなくなっています。

次に問われるのがトウモロコシを中心とする濃厚飼料との配合バランスでしょう。ガイドラインの定めた乳脂肪分をクリアするにはトウモロコシが欠かせません。そのせいか「トウモロコシは必要ない」と言う酪農家は私の周囲にはいません。配合飼料の中身をトウモロコシからコメ（稲穂が付いたまま発酵させたホール・クロップ・サイレージなど）に置き換えると「搾乳量の減少に影響する」という人もいるくらいです。飼料の中身を変えるのはそう簡単な話ではないのです。そうしたなか、生活クラブと提携し、新生酪農に生乳を出荷する酪農家は米国から分別されて運ばれた「遺伝子組み換えではないトウモロコシ」を使っています。円相場と原油高による物流費の上昇で、このごろは分別されていないトウモロコシとの価格差が小さくなってきていますが、そのコスト負担は決して軽くはありません。

自分の出荷した生乳の用途が明確にわかるのは生活クラブだけでしょうね。指定団体からは「何に何パーセント出した」という知らせが届くだけです。確かに飲用乳価は１キロ10円上がりましたが、出荷した生乳がどんな用途に使われたかで、実際の引き上げ幅は変わってきます。加工用が増えれば増えるほど、酪農家の所得は減りますし、そこに飼料価格の上昇が加われば経営は持ち出しになるのが当たり前でしょう。だから、生活クラブの組合員には牛乳の利用を増やしてもらわなければどうにもならないということです。そういう話を生活クラブの組合員理事とするのですが、わかってもらえても「ごめんなさい。おなかいっぱい」と言われてしまう。それはこちらもわかっています。でも、やはり飲んでもらわなければ問題解決にはなりません。

新生酪農の千葉工場が1979年に稼働したときは飲用一本でした。明治、森永、雪印の三大乳業メーカーが生乳確保にしのぎを削り、指定団体に所属する酪農組合から酪農家の引き抜きに奔走しているなか、生活クラブは三大メーカー相手に「闘い」を挑んだわけです。水は高きから低きに流れますが、酪農家は低きから高きに動く。そこに生活がかかっているから当然ですよ。当時、私は33歳。詳しい事情こそわかりませんが、生活クラブは大手乳業メーカーに負けなかったわけです。その後、組合員の牛乳の利用は増え続け、酪農家も増えました。それがいつまでも続くわけがなく、利用低迷期に入ります。

それでも生活クラブの組合員は常に私たちと一緒になって解決策を探し、組合員間での議論を通して利用を回復させる努力をしてくれました。それが生乳の殺菌温度120℃から72℃への変更や瓶への容器変更です。ともに利用回復の力になる取り組みでした。瓶入り牛乳の利用は大幅に伸長し、当時は千葉新生酪農クラブに50人超の酪農家が加入していました。それが現在は11人（2023年現在）。その多くが高齢になってきています。これまで最高70頭の世話をしてきた私たち夫婦も後期高齢者となり、泣く泣く牛を手離し、いまは15頭を残すのみとなりました。いやぁ、寂しいなんてもんじゃない。つらいですよ。牛小屋がだんだん空いていくのを見るのは心底切ない。連れ合いが「赤字でも飼っていれば体にいいし、精神的にもいい」と言ってくれているのが救いといえば救いです。

今後、この地域で酪農をやる人が出るかといえば、無理じゃないかと思いますし、やめたら簡単には立て直せないと思います。何せ設備だけで億単位の投資が必要になりますからね。それでも飼料代が生産コストの５割を切れば持つかもしれません。それが６～７割となると「もうやめたほうがいいや」と年寄りからやめていくでしょう。それは借金がないからですよ。頑張って仕事して、いざというときのために残してきた自己資金で設備投資をしてきた人は、後継者がいれば何とか続けられる可能性があります。私たち夫婦も後継者がいないなか、預貯金を切り崩して何とかやってきましたが、そろそろ限界かなと思うようになりました。悔しいですが先はまったく見えてきません。

第４章

とにかく何でも勉強、勉強の人びとがいた
そして、そこに「牛乳」があった

新生酪農株式会社　顧問　河野照明さん

まず押さえておきたいのは「生活クラブ」という組織が生活協同組合（生協）であることです。同時に「新生酪農」という会社が生協と酪農業協同組合（酪農協）が協同で設立した牛乳工場の運営主体であり、それは日本初、これまで国内では前例のない取り組みと評されていることに目を向けてほしいと思います。なぜなら、協同組合同士が連帯し、互いの組合員（生産者と消費者）の力になる牛乳工場を自分たちの力でつくったことに大きな社会的な意味があるからです。その事業運営の主体として生活クラブと酪農協（酪農家）が立ち上げた職場で、新生酪農で額に汗するみなさんは毎日の仕事にいそしんでおられるわけです。

ではなぜ、こういう会社を生活クラブはつくろうとしたのでしょうか。始まりは現在から58年前の1965年６月１日です。当時は１合（180cc）の瓶入り牛乳の宅配が当たり前の時代で、牛乳は子どもの成長と家族の健康に欠かせない食品として認知されていました。毎朝届けられ、毎日飲むものだったということです。当時、牛乳といえば明治、森永、雪印の三大メーカーの独壇場で、彼らは180cc入りの瓶牛乳を１本18円で販売していました。彼らが価格を引き上げるといえば、消費者は黙って従わざるを得ないわけです。仮に牛乳の価格が１円上がれば（毎日１本なら）月に31円の負担が家計にのしかかります。何

「何事も知らないことは人に聞いてなんぼ」と河野照明さんは笑顔で話す

本も牛乳を必要としている人は一層負担が重くなるのは当然でしょう。そうしたなか「納得できる価格で牛乳を飲み続けたい」という女性たちが398本の利用を集め、全酪牛乳の集団飲用を始めたのです。

最初は１本15円。三大メーカーより３円安い価格でした。集団飲用に参加した人にとっては、１本当たり月90円の負担軽減になりました。とはいえ、仕入れ値11円50銭で配送費１円50銭。計算上は２円の利益が残るはずですが、メーカーに瓶代を返さなければならないなど、現実は違いました。それだけではありません。「全酪牛乳は二流品だから安いんだ」と三大メーカー系列の販売店から、あらぬ言いがかりをしばしば受けました。私たちと会員が配達をしていると「おいお前ら、何やってんだ」と、何人もの販売店員に囲まれて威圧されたこともあります。その人たちが悪いと私は言いたいわけではありません。３円安くされると三大メーカーが困るということなのです。それは私たちの集団飲用が彼らの系列店の利益（既得権益）を損なわせるからであり、彼らの顧客を「引き抜く」ことに他ならないからです。

「安い牛乳だから」「悪い牛乳だから」と牛乳販売店員から言われると、ブランド力（知名度）を背景とした彼らの言葉をつい信じ、騙（だま）される人も出てきます。そうしたなか「全酪なんて末端の乳業メーカーじゃないか。そこの牛乳だからダメなんだ」と言われたのに反発し、そんな馬鹿な話があるかと怒った人たちが「本当のことを知りたい」と周囲に声をかけて牛乳の勉強を始めます。「牛乳とは何か」を自分たちの意思で徹底的に調べたわけです。この結果、食品行政を所管する厚生省（当時）が乳等省令という法律で、牛乳とはこういうものと基準（製法と成分規格）を定めていることがわかったのです。その基準によれば、全酪の牛乳は紛れもない牛乳であり、まがい物でも二流品でもないことがはっきりしたということです。むしろ、いろいろなものを添加して「○○牛乳」の商標を付けて高く売っている三大メーカーの商法に疑問を感じる人が増えていったのは事実です。

任意団体から生協へ
店舗ではなく「共同購入」しかなかった

その後、牛乳の集団飲用に参加する人が増え、会費制の任意団体のままにしておいていいのかという話になったとき、ある会員が「私が大阪にいたころに灘神戸生協という大きな生協に加入していました。生活協同組合というのは、組合員が自分たちでお金を出し合って運営する組織なんです。そういうのをつくったらどうでしょうか」と提案しました。それならば生活協同組合とは何かを勉強をするために灘神戸生協（兵庫県神戸市）へだれかを派遣してみてはどうかとなり、カンパを募って実現させました。派遣された人が戻ってきてから報告を聞き、「じゃあ、やってみよう」となったのが生活クラブの始まりです。出資者が1000人になるまでは準備会でした。その後、1968年10月18日に組合員が1000人になり、生協設立集会を開催しました。ここで考えていただきたいのは生活クラブが任意団体だった６月から取り組んでいた共同購入とは何かということです。最初から「生協」「コープ」という名の店があって、そこに組合員が買いに行けばいいというなら、話は早いのですが、そうしたくても店を作るお金がない。店を作るには土地を買ったり、建物を建てたりするお金が必要なのですが、それが生活クラブにはないわけです。ではどうすればいいかと組合員と意見交換を重ね、得たのは共同購入しかないという結論でした。

共同購入なら、自分たちが必要なものが欲しいという意思を持つ人を集めればいい。1000人の組合員のなかで「牛乳が欲しい」という人を集め、「じゃあ、どういう牛乳が必要ですか」という勉強を始めました。当時は何かといえば勉強なんです。共同購入には「班」という組織が欠かせませんでした。班は８人から13人の組合員で構成されるグループで、当時は１世帯に両親と３、４人の子どもが標準でしたから、８人の班なら「（子どもの）食べる口数」は24口から32口、10人の班なら30口から40口になるわけです。食べる量が多ければ、申し込み数量も多くなります。たくさんまとめて利用するから価格が下げられ、配達も８人から13人分をまとめて届ければ配送コストも低くできるというメリットが生まれます。会員組織から生協になり、班別予約共同購入に取り組んだことで、必要とする品物を組合員が組合員に声をかけて利用意思をまとめれば、何とか手に取れるようになりました。任意団体時代にはできなかったことです。

やったことがなく、知っている人もいない
それが「強さ」だった

「コープ生協牛乳3.2」（コープ牛乳）は日本生活協同組合連合会（日本生協連）が開発しました。メーカーは全国酪農業協同組合連合会（全酪連）。かつて私たちが「まずい」「二流品」と罵声を浴びせられた全酪連の牛乳を「同じ協同組合だから」という理由で日本生協連が導入し、500ccのブリックパック入り牛乳を販売したのです。先ほどお話ししたように牛乳の成分規格を定めた厚生省の乳等省令には「無脂乳固形分8.0パーセント以上」「乳脂肪分3.0パーセント以上」と書かれています。どのメーカーが製造販売する牛乳の成分規格表示も乳等省令通りですが、そもそも牛には個体差があり、季節によっても乳質は違ってきます。ところが、商品表示は判で押したように厚生省（現・厚労省）の規格通りなのです。当然、どうしてと疑問に思うわけです。答えは簡単。乳脂肪などを抜いて（調整して）、他に売れば利益が上がるわけです。これを「おかしい」と生活クラブの組合員が意見し、コープ牛乳に切り替わったという経過があります。

コープ牛乳を週２日配達し、生活クラブの利用量が日本生協連の牛乳供給量の約40パーセントを占めるようになりました。それでもコープの店舗で売っているものと同じ値段なのはおかしくないかという話になって、生活クラブの組合員が怒りだした。「なんで（多くの人に利用を呼びかける）努力してる人と何もしない人が同じ値段なんですか」というわけです。「だったら自分たちで牛乳工場をつくったらどうか」となりました。こうなると、その提案に「面白そうだからやろう」と乗って「お金も出すよ」と言ってくれる人もいて、牛乳工場の建設が実現に向けて動き出します。生活クラブの組合員が牛乳を共同

購入し、利用する人を増やして利用量を増やす努力を続けたからです。最初は千葉工場しかありませんでした。現在よりずっと小さな建物でした。そして1978年２月９日に「新生酪農株式会社」が設立されたのです。

工場はできたものの、牛乳を製造するのに必要な専門知識やノウハウを持った社員は１人もおらず、全員が他業種から移ってきた「素人」ばかりでした。だから最初は大変です。その道のプロが１人もいない、わかってる人がいない状態からのスタートでした。しかし、やったことがない、わからないというハンディ（マイナス要因）が逆に「強さ」になったのです。知らない、わからないから、自分たちで考えて努力するわけです。そうすると結局できるようになるわけです。だから、「わからない」とか「知らない」と言うのは、まずいことじゃないんですよ。それは当たり前の話であって、そのときに「聞く勇気」があるかどうかが本質的に大切なのです。要するに「これどうなってるの」と「わかっている人」に聞く勇気があることが問題解決につながるのです。

当時もどうするかという話になりました。そこで悩んだ末に夫婦で「協同乳業」に勤めていた組合員がいて、その人の夫を引き抜いてきました。その人以外は素人ばかりで、どうやって牛乳を作ればいいかがわかるのはその人だけですから、何事も黙って指示を聞いて任せるしかなかった。だから、騙されたと言ってもいいような“間違い”が起きたのです。その人が「わかる」と言ったのは、実際は一部分だったと後になって知りました。全部をわかるには長い時間がかかります。経験値と経験知が必要なのです。一部だけわかっている人に頼るから混乱するわけです。やはり、わからないことは勉強するしかありません。だから「あなたは何を勉強するのか」と互いに問いかけ合い、社員全員で勉強し合って、ひとまず会社が動くようになったのです。

「ここは私たちの牛乳工場だから」
そんな生活クラブの組合員の思いを胸に

牛乳を製造するには原料となる生乳が必要です。それには酪農家を懸命に集めなければなりません。どうやって酪農家を集めたらいいかという方法もまったくわかっていませんでした。たとえ工場ができても、生乳を搾って出荷してくれる生産者がいてくれなければどうにもならない。仕方ないから全酪連に頼みに行きました。当時、千葉県は北海道に次いで全国で２番目に酪農家が多かったのですが、千葉県内の酪農家で組織された酪農組合を明治、森永、雪印の三大メーカーが傘下に置く「囲い込み」が進んでいました。囲い込みといっても流動

長野県松本市の新生酪農工場で来訪者を出迎える牛の親子（模型）

的で、どのメーカーが生乳を高く買うかで様子ががらりと変わる「引き抜き合戦」を呈していたのです。

そこに生活クラブも割って入らなければなりません。どうしても日量21トンの生乳が必要でした。千葉酪農農業協同組合に掛け合うと「そんなの簡単だよ。いくらでも引き抜いてくるから、生乳１キロの引き取り価格を大手メーカーより３円高くしてくれないか」と言われ、その提案を受け入れたのですが、５人の酪農家から６トンの生乳が出荷されたにとどまりました。結局、全酪連にまた頭を下げて15トンを分けてもらったのです。まぁ、しょっちゅう頭を下げなければ、どうにもならなかった。ただ、こんなに集まらないとは誰も思っていなかったことでしょう。裏返せば、それくらい21トンという生活クラブの組合員の結集量はすごいものだったということです。組合員が組合員に呼びかけて利用者を集め、その力で価格を引き下げ、インチキでもまがい物でもない「成分無調整牛乳」を飲み続けると社会に向けて意思表示し、どんどん利用量を増やしていった証しと言えます。しかし、現在は残念ながら日量20トンに達していません。

当時の製法は120℃２秒間殺菌。紙パックに液面化充てんしていました。液面化充てんの機械を導入している工場は国内でも数えるほどしかないという貴重なものだったのですが、生活クラブの組合員はまた怒り出します。「120℃２秒間の超高温殺菌（UHT）が生乳のせっかくの良い成分を損ねてしまっている」と言うのです。生活クラブの職員は組合員が怒っているとなれば、どうするかを考えざるを得なくなります。強いんです。職員より組合員のほうが。なぜなら、出資金を払い、自分たちが利用することで自分たちのつくった組織を発展させ、職員も自分たち自身で選ぶのが協同組合だからです。それが株式会社との大きな違いです。だから組合員の意思を常に確認し、尊重する必要があります。

千葉工場が1988年４月に合成洗剤追放に踏み切ったのも組合員の意思に従ったからです。牛乳の製造ラインを洗浄する際に使用していた合成洗剤に組合員から疑問が呈され、酸とアルカリで洗浄するようになりました。このとき、生乳の殺菌温度が72℃15秒間殺菌に変更されたのです。それも「どうして日本で主流の殺菌温度は120℃か130℃なのか」と組合員からの問題提起を真剣に受け止めたからです。海外では63℃から65℃で30分間かけて殺菌するか、高温殺菌でも72℃が一般的なのに「私たち組合員が出資し、利用し、運営している生活クラブの牛乳工場で、それができないのはなぜか」と組合員は言いました。自分たちのものだから、良いほうに改善できないのはおかしいと組合員は考えたのです。その要求を形にするためのハードルは実に高いものでした。それを自分たちで努力して１つ１つ課題をクリアし、現在の工場があります。

しかし、この年の10月26日に事故が起きました。72℃で殺菌した牛乳を配達すると「まずい」という声が組合員から届きました。調べてみると、集乳車のローリーの内壁に亀裂が入っているのがわかりました。６日分の牛乳を全量回収しました。本来は事故があると保健所に「御用」となりますが、牛乳の届け先が生活クラブの組合員宅に限定されていますから、誰一人として保健所に通報する人もなく、文句を言う人もいませんでした。生活クラブの牛乳は自分のものだと組合員は考えているからです。現在なら責任を問われ、だれかが処分されるでしょうが、全品回収し事故原因を明らかにして、事故が再発しないように対策を講じました。このとき回収したパックはどうしたと思いますか。酪農家の持っている畑にぶん投げ（＝まき）ました。「なんで牛乳を投げているのか」と聞かれはしましたが、仕方がありませんよね。

原則は職員のみなさんが一生懸命やっているから事故が起こらないという前提になっていますが、事故はどんなに頑張っていても起こるときには起こるものです。だからといって起きても仕方がないと居直っては当然のことながらいけません。かといって事故が起こったからダメかといえば、そういうことでもないのです。事故が起きたら原因を徹底的に調べ、次から起こらないようにどうしたらいいか、どこに原因があったかを明らかにすればいいのです。機械を使っていて事故が起きないなどということはありません。操作ミスはあるわけです。だからこそ、わかっているつもりでやっていたらダメなのです。わからないことがあれば、どうしたらいいかを周りに聞いて教わって、ちゃんとできるようにすることが最も大切なのです。

牛乳消費量の低下をヨーグルトやアイスクリーム、チーズが補うが……

生乳の全量引き取り
成分無調整牛乳だけの「強み」と課題

「加工設備」もできました。酪農家が搾った生乳を全量購入していたからです。搾乳量は日によって違いますし、必要なときに必要な量だけという勝手な注文はできません。工場が引き受ける生乳量は毎日同じようにしなくてはならないわけです。生活クラブの配達は週６日ですが、酪農家は生乳を７日間出荷します。牛に「今日休んで」というわけにいかないから、朝晩２回の搾乳（乳しぼり）を365日続けます。その生乳を他の乳業メーカーよりキロ３円高く引き取り、他の酪農組合の組合員である酪農家を引き抜いてでも生活クラブと提携する酪農家を増やす方法を採り続けなければ、生活クラブの組合員が増えたときに対応できないからです。だから、常に生活クラブの組合員数と生乳の量が釣り合う状態を維持しなければなりません。では、どうやって釣り合わせるかといえば、牛乳の生産量を調整するのではなく、生活クラブの組合員の利用量を合わせる、一致するようにするわけです。それには組合員に飲んでもらうしかありません。

いまでは考えられないことでしょうが、牛乳を利用していない人に「なぜ、利用しないのですか」「飲みましょうよ」「飲みなさい」と組合員と職員が“強制的”に働きかけるのです。各地の配送センターまでの納品は100ケース以上、各班への配達単位（ロット）も15パック以上と決まっていて、これより少なければ配達しないことになっていました。どうしても１班でまとまらなければ、複数の班の利用を集めて15パックにしてもらい、配達先は１カ所とするという方法を徹底しました。これも組合員と職員が話し合って決めたことです。強制といえば強制かもしれませんが、そうでなければ３円高く買った生乳を安く処分しなければなりません。ここが大手メーカーとの違いです。

当時の新生酪農は牛乳しか製造していませんでした。だから生活クラブと提携する酪農家の数が増えて生乳の出荷量が増え、生活クラブの組合員の利用が減れば、とても経営が厳しくなるわけです。生乳の搬入量が最も多いときには日量86トン（現在は千葉、栃木、長野の３工場で41トン）ありました。当然、組合員の利用申し込みが予測を大幅に下回れば処理しきれない生乳が大量に出て、高く買った生乳を安く売るしかない、逆ザヤの持ち出し構造が工場の経営を圧迫しました。これがヨーグルトにアイスクリーム、チーズの加工品を製造する起点となったのです。

しかし、ヨーグルトを作ってもうまくいくわけない。アイスクリームも同じです。設備をつくって問題を解決できたかというと、はっきり言ってできません。そんなにうまくいかないのです。ただ、牛乳だけではなく、ヨーグルトやアイスクリームもあるほうが、生産から加工までが透明で自分たちの牛乳工場で良い品物ができたと組合員は喜んでくれました。それらの品も「他の乳製品も作れないんですか」という組合員の意思と要望から生まれたものだからです。組合員の意思を尊重するから、チーズやヨーグルトについて勉強し、未知の分野の製造に初めて取り組むわけです。それには全酪連や他の会社に行って勉強して技術を盗むしかありません。盗むと言うと聞こえは悪いですが、盗むようにして学んでこないと始まらないわけです。新たな製品を作るのに新たな機械が導入されるのですから、また一から勉強して操作を覚えて使いこなせるようになる必要もあります。いつも職員は一生懸命に勉強するしかないのです。

最初にヨーグルトを製造したときは容器に入れる前に発酵させる「前発酵」でした。全酪連に「御社の製造設備を新生酪農の千葉工場に持ってきて、自分たちで製造したいと考えている。どうにかならないか」と私が相談を持ち込んで実現しました。現在は容器に入れた後に発酵させる「後発酵」になっています。大きさは大型400グラムと小型90グラムの３連パックですね。チーズは千葉工場と栃木工場で製造していますが、ヨーグルトの製造ラインはここ千葉工場にしかありません。アイスクリームも同様です。だから、ここにいる人はもう少し真面目にやってくれないと困ります。慣れでやられちゃ困るわけです。この点は肝に銘じてください。

とにかく「やったもん勝ち」に決まっている
未知の世界を恐れず挑戦してほしい

生活クラブは千葉の新生酪農クラブと千葉工場、栃木の全国開拓農業協同組合連合会（全開連）と栃木工場（栃木県那須塩原市）を建設しました。開拓農業は太平洋戦争後に国策（政府の政策）のもとで進められ、帰るところをなくした戦地からの帰還者を対象とした開拓・開墾事業です。ほとんど荒地に近い原野を割り当て、そこで農業をして暮らしなさいというのです。その土地がすぐに作物が育つ田畑になるはずがありません。だから最初は土地を肥やし、農耕用も兼ねて牛を飼育することから始めなければならないのです。栃木にも開拓農業があり、開拓農民からなる農協が各地にあります。その全国組織が全開連です。日本の酪農の多くは開拓農業から始まり、その経営規模が最も大きいのが北海道です。

なぜ北海道の乳価が安いかといえば、東京まで持ってくるのにお金がかかるから。つまり運賃（物流費）の差です。トラック運送でだいたいキロ20円違いますし、青森県あたりでもキロ10円は違うでしょう。

これを船で運べばもっと経費を削減（コストカット）できます。そうなると、今度は本州の酪農が困るわけです。安い生乳がどんどん入ってくるからです。それを森永や明治が買って製品化すれば収入は大きくなります。だから北海道産の乳価は本州より低く抑えなければならず、そういう差が出てくるわけです。

昔は酪農家がいる地域には、それぞれ地元の牛乳工場がありました。牛も搾乳を主目的として飼育していたわけではなく、農業のため、農耕具を付けて耕させ、コメ作りをするために飼っていたのです。それがだんだん搾乳のためだけの飼育となり、酪農専業農家に変わってきました。私の妻の実家でも牛を５、６頭飼っていて、家族みんなで搾乳し、集めた生乳を地元の集乳所に持っていって合乳していました。おそらく薄い牛乳だったでしょうが、それが日課の一つだったということです。

栃木工場が明治乳業の岩岡工場の権利をもらい、「新生酪農栃木」という会社を設立して千葉の次にできた工場です。そこも最初は牛乳だけを製造していたのですが、結局１アイテム（品目）ではうまくいかないわけです。

こうしたなか、栃木工場に瓶入り牛乳を製造する機械を導入したのですが、これが900cc入りの牛乳を毎時間１万本製造できる優れもので、最盛期には６時間稼働して６万本を製造していました。それが現在の稼働時間は１日２時間半、２日分で５時間に落ち込んでしまいます。機械に能力があっても使わないというなら、はっきり言って無駄でしょう。ならば違う機械にすればいいじゃないかと言われても仕方がない状況でした。すると、今度は「１リットル紙パック入りの牛乳から瓶にしよう」と提案が組合員から出てきます。

この提案を受け、先に瓶入り牛乳を製造したのは安曇野工場（長野県松本市）でした。生活クラブ長野が共同購入していた牛乳を製造していた「株式会社横内ミルク」が瓶装（瓶への充てん）を始めたのです。栃木工場もテトラブリックの紙パックを瓶に変え、多い時には日産６万本。充てんする１時間前に殺菌し、製造終了時に洗浄をやってという８時間で目いっぱいの仕事量をこなしていました。一方、千葉工場は牛乳を製造しなくなります。生活クラブの利用量が栃木だけで十分賄えるようになったからです。

こうして紙パックを瓶に変更した栃木工場ですが、容器変更に伴い、栃木の職員も「わからない」「知らない」未知の仕事に一から取り組んだのです。瓶入り牛乳など、だれも製造したことがなく、専門知識を持つ職員など一人もいません。彼らは自分たちで一から勉強したわけです。それぞれの職員が、自分に何ができるかを考え、殺菌のことをよくわかる人、充てんのことをよくわかる人などいろいろな職員が知恵と技能を出し合ったから瓶装が実現したわけです。仕事の全体像をだれもがイメージしながら機械を正確に動かすためには、全員が協力しなければならないことを皆で理解しようと努力したということです。だから栃木の職員は仕事の「だいたい」を全員がわかるようになっているはずです。自分たちで勉強することがだれの役に立っているかといえば、自分のためになっているわけです。いわば「やったもん勝ち」の世界です。

今度は千葉の酪農家が怒り出します。私に「牛乳を作らない牛乳工場があるのか」と猛抗議して収まらず、酪農組合長も同じ気持ちだと言います。千葉の牛乳をどうするか。栃木に転送をかけるのか。どんどん集めては転送するしかないのか。どんどん来て、どんどん送る。そうなると乳質が悪くなるなどの問題が起こりはしないかと、さまざまな思いがこみ上げてきました。そうこうするうちに千葉の酪農家が

「千葉工場も瓶装しろ」となりました。当時、新生酪農の社長だった私は「本当に900ccしかできないのか。200ccだってできるだろう」と牛乳工場の設備製造を手がける「渋谷工業」の技術者に冗談を言ったわけです。

それが瓢箪（ひょうたん）から駒で200ccの瓶装が可能になりました。アタッチメント（付属機器）さえ変えれば何とかなるというコロンブスの卵さながらの話ですが、人間、知恵を絞れば何とかなるものだと改めて思いました。当時、日本で900ccと200ccの瓶装兼用機は千葉工場にしかありませんでした。そんなことを考える業界人はいないからです。こうして製造できるようになった200ccの瓶入り牛乳は地元の学校給食用に供給しています。それにしても千葉の酪農組合長から散々文句を言われました。「どうせ瓶装するなら、栃木と安曇野と同

すべて未知の領域への挑戦から生まれた新生酪農の乳製品

じ900ccをやっていたんじゃ仕方がなかろう。どうせなら200ccを入れたらどうだ」と大迫力で迫られたのです。現在の栃木工場の機械は900ccだろうが720cc、500cc、200ccだろうが何でも充てんできます。洗瓶機も同様に対応できます。昔の洗瓶機は900ccと200ccで異なり、容量が変われば洗瓶機を増やすしかありませんでした。クレート（配送用ケース）は、現在も新設備を入れるしかありません。

酪農組合長に牛1000頭全部食べたら「土地を貸してもいい」と言われて

安曇野工場（長野県松本市）の前身は「横内ミルク」という会社です。ここの社長は県会議員をしながら酪農をしていた関係もあって自分で工場を建設し、生活クラブ長野（岡谷市）と提携関係にありました。栃木工場を建設する際、生活クラブ連合会が生活クラブ長野と横内ミルクに「栃木工場が軌道に乗るまで、横内ミルクとの提携を暫定的に解消してほしい」と申し入れ、「10年で戻してくれるなら」という条件で両者の了解を得たという経緯があります。生活クラブ生協も各地で組合員が増えたこともあり、約束通り10年後に横内ミルクは生活クラブ連合会との提携を再開しました。生活クラブ長野の組合員が共同購入する牛乳は横内ミルクで製造されることになったのですが、長野の組合員から「吟味してほしい」という声が上がりました。長野に生活クラブができた背景には「諏訪湖の水を合成洗剤で汚さない」という運動があります。要するに環境問題に鋭敏なわけです。

だから「牛乳もパックじゃなくて瓶でやれないか」となりました。最初は「瓶入り720ccでどうですか」という話でしたが、「それはダメです。１リットルが720ccになるということは、酪農家の出荷する生乳の引き受け量が減ることにつながります」と私は同意しませんでした。すると今度は「そんなことはない。これまでと同じ量を飲みます」という話になりました。それもダメとお断りし、瓶入り900ccの瓶装で横内ミルクが製造を開始しました。なぜかといえば、組合員にとって720ccでも900ccでも、申し込み単位は「１」だからです。900ccでも紙パック時代の１リットルより、すでに100ccは減ってきていることを考えても容易に「いいですよ」とは言えないわけです。

横内ミルクの最初の工場がどういうところに建てられていたかといえば、もとは牛舎があった場所です。そこで瓶装をやるとなると、建て増しでつぎはぎ状態になった古い工場を何とかしなければなりません。やはり新設するしかないと考え、乳牛1000頭ほどを飼育している酪農組合に土地を提供してもらえるかを相談しました。そのとき「河野さん、この牛を全部食べてくれたら土地を貸してやる」と言われて腰を抜かすくらい驚きました。冗談じゃないと内心腹も立ちましたが、ひとまず組合長が自分の土地を貸してくれました。

だからまだ安曇野工場の土地は借地のままです。現在の場所に工場が移転し、瓶装してから横内ミルクの経営があまりうまくいかなくなり、新生酪農が吸収合併する形になりました。横内ミルクは赤字経営でした。その負債を回収しなければなりませんから「横内新生ミルク」の社名になっています。生活クラブが組合員に供給している牛乳は１社３工場体制で製造されるようになったのです。

牛乳のプラントは土地の形や大きさによってつくり方が変わってきますから、場所によってはますます技術革新が進むと思います。それは人工知能（AI）に象徴されるデジタル機器でシステムを制御し、自然の摂理や生きもの生理を度外視して生産効率を高める手法が幅を利かせてくるということでもあります。このままでは人間が機械に支配され、人間にしかできない労働がとことん軽視されるようになるでしょう。「楽で効率が良くなる」「効率良く成長産業化できればカネになる」という風潮が社会の隅々まで浸透し始めています。少なからぬ人たちがそういうところに乗って仕事をしている。私は幸い外れていますが、みなさんはそういうことにならないようにしてほしいと願っています。

保存期間が短く、保存方法も限られる「生鮮品」をどう扱うのかが問われている

乳価はメーカーと酪農組合（指定団体）で決めます。だいたいメーカーが強く、いちばん強いのは明治乳業です。乳脂肪分や無脂乳固形分、生菌数などが多少規格から外れていても大手メーカーなら引き取れます。いうまでもありませんが、新生酪農はそうはいきません。大手メーカーはいろんな機械を持っているから殺菌はもとより何でもできるわけです。加工施設を持っていれば牛乳以外の製品にするなど、いろいろな用途に転用できるわけです。その手法にかけては大手がいちばん強いわけです。だから、困った酪農家は何かあれば大手メーカーの言うことを聞くしかない。そういう言い方はいけないけれど、それが現実なのです。乳価がキロ10円引き上げられましたが、それは大手１社と指定団体との話し合いで決まっていて、大手が１社でも「うん」と言わないかぎり１銭も上がりません。それで酪農家はずっと嫌な思いをしてきたのですが、それでも大手頼み。なぜなら処理をしてくれるからです。

処理してくれるというのは、自分が搾った生乳を引き取ってもらえるという意味です。生乳は鶏卵や畜肉類に比べ、圧倒的に保存期間が

短い生鮮品なのです。酪農家は搾ったら搾った分すべてをとにかく出荷するしかありません。これをすべて生活クラブの組合員が引き受けてきたわけです。周囲に利用を呼びかけ、もちろん自分も飲んで、利用者を集めて調整する努力を重ねてきたのです。これを信じて新生酪農に生乳を出荷する酪農家が増えたわけですが、その量が増え続け、生活クラブの利用が減少すれば新生酪農だけでは処理しきれなくなり、高い値段で買って、安い値段で売り払うしかなくなるのです。貯乳タンクをいくら増やしてもダメ。タンクの大きさで決まるわけではありません。生産者がどれぐらい搾るかを約束してくれなければどうにもならないのです。

それにはメーカーと酪農組合で価格を決め、出荷量と引き受け量を決めて計画的な生産を促すべきなのですが、そうはならず酪農組合はメーカーの言いなりでどんどん出せばいいだけでした。生活クラブと新生酪農はそうはいきません。生活クラブと提携する千葉の酪農家はもともと指定団体に加入しない「アウトサイダー（アウト）」でした。自分が搾った生乳は自分で何とか売り切るしかない人たちです。だから生活クラブは大手メーカーより３円高く買い入れ、しかも全量引き取りしてきたわけです。いま流行（はや）りのSDGsではありませんが、無駄なく丸ごと廃棄することなく酪農家の搾った生乳を利用し、彼らの持続的な経営を可能にしたといえる選択だったといってもいいかもしれません。

栃木の酪農家は最初から指定団体の関東生乳販連に加入する「インサイダー（イン）」。安曇野も東海生乳販連のイン。千葉は現在、関東生乳販連のインになりました。指定団体は国内に10あります。その前は全部県単位の酪農組合（県酪）だったのですが、それじゃうまくいかないので、県単位を再編して大きな酪農団体にして交渉権を確保しようとしたわけです。しかし、結果はそうはならなかったわけです。千葉の酪農家がインになったのは2009年度。私が新生酪農の社長の時代です。生活クラブと提携する酪農組合に「これ以上は対処できません。赤字ばかり増えるから勘弁してください」とお願いしたのです。現在2023年の生乳出荷量は千葉が11戸８トンです。栃木の箒根（ほうきね）と那須は28戸20トン。安曇野は14戸13.5トン。ここの酪農組合の搾乳量は40トンありますが、13.5トンだけでいいと約束して処理（製品化）しています。最大86トンだった引き受け量が、いまは３酪農組合分で41.5トンしかないわけです。

それだけ牛乳を飲む量が減ってしまっています。家族を構成する人数がどんどん少なくなり、昔は多かった子どもの数がいまは１人です。親を入れて３人家族では900ccを毎日飲めと言われても、３本注文したら大変なことになってしまうでしょう。高齢化などもあって牛乳の消費量が減るかわりに何を製造したらいいかとチーズやアイスクリームを作ったわけですが、残念ながら現状はあまりうまくいっているとは言えません。これからは新生酪農のみなさんが自分の意思で面白いことを見つけて、この会社で何ができるかなと考えて頑張ってやってください。

社会には「いろいろな人がいる」のが当然
だから、何でも組合員に聞こう

最後に私から聞きたいことがあります。みなさんは乳製品が好きですか。私が育った時代には牛乳は高価で、家計に余裕がないと買えない、飲めないものでした。人の家の塀の上に乗っているのを失敬したくなるくらいのぜいたく品でしたよ。卵も小さいころに鶏を飼ってい

たのですが、「働いてない人は卵を食べちゃいけない」と言われていました。鶏にエサをやるのは子どもの私たちの仕事で、卵は父親や祖父が優先的に食べるものでした。まったく日本社会は豊かになったものです。ほんの60、70年前はぜいたくだった食材が「安売り・特売」の対象になったかと思えば、今度は「環境危機の要因になる酪農・畜産は不要」の声が上がり、コオロギ食や大豆ミートが脚光を浴びています。牛乳も鶏卵も人が生きていくための労働から生まれた貴重品だということをしっかりと考えなければならない時代になったわけです。

そういう話を周囲の身近な人たちとすることを意識し、わからないことは人に聞く。わからないのは恥ではなく、知らないことは自分で調べ、知っている人に聞いてわかるようになろうとすることが大切なのです。そうやってこなければ生活クラブは社会に存在しなかったし、そうしてきたからこそ自分たちが求める仕組みを１つずつつくってくることができたのです。組合員はわからないと必ず自分で調べ、人の意見を聞きます。すごいなと思いますし、いろんな人がいるのがまた素晴らしい。１人として同じ人がいないのが面白い。あることについては博士だったり、別のことは全然わからなかったり。そういう人が生活協同組合をつくっているわけですから、何でも組合員と話すのが一番。これからも生活クラブの組合員が交流会や見学会で新生酪農の工場を訪れてくれると思いますが、そういうところに積極的に参加したほうがいいでしょう。自分がわからないことや、興味・関心があることは積極的に聞いたほうがいい。ちゃんと教えてくれるから。ほとんどの人はちゃんと丁寧に教えてくれるはずです。

（2023年９月７日の新生酪農での講演をもとに構成しました）

終章

「食」が単なる「モノ」となり、
人の労働が徹底的に軽く見られる怖い世界

生活クラブ連合会　山田衛

「すでに酪農の現場では、経営難を苦に自ら命を絶つ人が続出している。そう懇意にしている酪農家から連絡が入ってきています。それも連日のように……。こんな無法を見逃すわけにはいきません。黙っていられるはずがない」と厳しく重い表情で何度も何度も語ってくれたのは東京大学大学院教授で農業経済学が専門の鈴木宣弘さんです。この言葉が今回のブックレットの起点となりました。

かててくわえて、何やら、つらく胸苦しく、ひたすら空しさに吸い込まれていくような感覚に陥る日々が続いている気がしてなりません。29年前の阪神淡路大震災、13年前には東日本大震災、そして今回（2024年１月）の能登半島地震です。さながら地球の激しい怒りともいえそうな意志を伴うかのような自然の無慈悲なまでの自然の脅威を感じます。そうしたなか、ウクライナやパレスチナ、アフリカやアジアでも連日連夜、当たり前のように「いのち」が平然と奪われています。おまけに、もはや生身の人間の労働は「どうでもよろし」と言わんばかりに「社会のデジタル化」「人工知能（AI）化」が熱気を帯びつつ叫ばれ、それを手放しで歓迎するような奇妙キテレツな「機運」の高まりすら感じます。

さらには、あたかも「マネー」さえあれば万事解決とばかりに「日本の株価は絶好調」とあおりたてるような、それでいて否定的な装い

廃業を決め、牛たちが去った牛舎

をみせるメディア報道です。「おぉ、バブル、かのバブルの再来よ。再び神は降臨せり」とでも言いたいのか、それとも約１世紀前に世界恐慌をもたらしたサタンが「善なる顔」で再びやってきたと警戒を呼びかけているのかもしれないな、と拙く稚拙な思考の迷走はいや増すばかりです。

むろん、科学技術の進歩を全否定するつもりはありませんし、お祭りのような経済報道をどこか斜に構えて見聞きしていると、いったい何が「正」で「善」で、どれが「誤」で「悪」なのかはまったく見当がつかなくなります。ただ、なぜか空恐ろしい。このままハーメルンの笛吹き男のお話のように、どこか異次元にある破壊的な世界に連れ去られてしまうのではないか。そうおののき、空疎で空虚な嘆息を重ねてしまうのです。謎の笛吹き男に子どもたち全員を連れ去られた町のように、日本の少子高齢化は確かに厳しい局面にあります。それでも沖縄に富山、島根のように「生活幸福度」が比較的高いとされる地域もあるようです。

それはなぜか。そう愚にもつかぬ自問を重ねているうちに、メガロポリスTOKIOのような大都市にはない「幸」や「価値」があるからではないかというまったくベタな考えに至りました。かの地にはうまい空気と水がある、豊かな海や山があり、その風景のなかには痛む腰を伸ばしてトントンと軽くたたきながら田畑を耕したり、牛や豚、鶏の世話をしたりして汗を流す人たちの姿があるのではないか。いや、きっとあるに違いないと合点したのです。そこには暮らしのすぐ近くに人の身体を担保した労働があり、その積み重ねが自分を含む「おおぜい」の「いのち」を支えてくれていると五感を通じて感じられるような魅力があるのではないでしょうか。そう信じている、いや信じたいのです。これが「食」は商品（単なるモノ）ではなく、人の営為のつらなりとして存在しているという当方の思いの原点であり、だから食と書かずにあえて「　」を付けて「食」と自分の原稿では表記するように努めてきましたし、むろん今後もそうするつもりです。

しかし、この40年近くもの間、日本政府の採り続ける極端な「自由貿易推進策」と、人びとの労働の価値を見下し・見くびる「労働条件と賃金低下策」の常態化により、「食」は「商品」という品物とだけ扱われがちになり、非正規雇用の安易な徹底普及促進によって「人件費」は「経費」と位置付けられるようになりました。挙げ句、額に汗、背中にも脂汗しながら労働する人びとの賃金が上がらない以上、何でも安いが一番。だから人件費が〈チープ（割安）〉で済み、これぞ理の当然とすまし顔で言ってのけられるような相手国から「輸入≒むしり取る」しかないとの暗黙の了解が広く社会に定着してきているとしたら、実に悪魔的な話というほかないと思うのです。

2024年２月末現在、政府は懸命に賃上げ誘導を図っているようですが、その効果といえば中小企業はもとより、非正規雇用の働き手にはほとんど及ばないでしょう。仮にいくばくかの賃上げがなされたとしても、現在の摩訶不思議な円安が続けば、ますます物価上昇に歯止めがかからなくなり、ついには庶民の預貯金の大幅目減りを招くのではないかと疑心暗鬼に陥るのは当たり前のことでしょう。このまま「官製インフレ」が続けば、日本の庶民の暮らしは一層疲弊する恐れが高まるのではないでしょうか。その目下のインフレの背景には「食」と「エネルギー」の国内自給力の圧倒的な低さがあるのは言うまでもありません。

にもかかわらず、その課題解決に日本政府が必死になっているようには見えませんし、むしろ逆方向に進んでいこうとしているかのようです。こうしたなか、依然として心もとない日本の食料自給率を根底から支えているのは牛乳・乳製品とコメの両輪です。その貴重にして大切な生産基盤を「骨抜き弱体化」させるような家族農業（小農）つぶしとも取れる政策が相次いで採用されています。同時に日本の「食」の持続的な生産を一瞬で崩壊させる原子力と核燃料サイクルに政府も財界もとことん執着するかのようで、「再生可能エネルギー」普及には及び腰なようです。

おまけに労働の担い手不足はスマート（冷たくもお利口さん）なマシンとクールで優秀なオペレーターやプログラマーに委ね、暗くて、危険で、汚くて、給料が安い仕事を他国の人に任せようという、ある種身勝手な選択までしかねない不可解な謎に包まれた政治が続いています。これぞまさしく人間軽視に庶民蔑視という他ないはずですが、これで本当にいいのでしょうか。そんな現実に警鐘を鳴らし続け、身体を担保した批判を続けてきたのが東京大学大学院教授で農業経済学がご専門の鈴木宣弘さんです。

家族経営で農林水産業にいそしむ人たちの不幸と絶望は第２次産業、第３次産業に従事する人びとの不幸と絶望であり、社会の致命的損失を招きかねない「危機」であると鈴木さんは再三再四訴えています。その指摘をいまこそ多くの人びとに思い起こしていただきたいのです。そんな願いをこのブックレットに込めました。誠に僭越（せんえつ）にして不遜、かつ生意気な物言いを縷々（るる）並べた失礼を容赦ください。

このブックレットの内容は生活クラブ連合会（東京都新宿区）ホームページに掲載した生活クラブオリジナルレポートの原稿に加筆・修正を加えたものです。本文中の表現は編集を担当した当方にありますことを付記させていただきます。また、今回は生活クラブの組合員（国内約40万人）が利用している牛乳・乳製品を生産する新生酪農株式会社と、同社に搾りたての生乳を出荷している酪農家に多大なるご協力をいただきました。誠にありがとうございます。

また、今回のブックレット発行の機会をご提供くださった鈴木宣弘さん、刊行にご尽力いただいた筑波書房の鶴見治彦さん、校正担当のブルーム企画のみなさん、イラストと図表を作成してくれた堀込和佳さん、取材撮影に同行してくれた魚本勝之さんに心より感謝申し上げたいとます。

編著者略歴

山田 衛（やまだ まもる）

1961年静岡県生まれ。成蹊大学文学部文化学科（現・現代社会学科）卒業。生活クラブ生協埼玉（埼玉県さいたま市）入職。1994年から生活クラブ連合会（東京都新宿区）へ。同連合会が情報の共同購入の一環として発行する月刊『生活と自治』編集室勤務。同紙編集担当から編集長、編集室長を経て、現在は生活クラブホームページに掲載中の「生活クラブオリジナルレポート」の企画執筆を担当。東大大学院鈴木宣弘教授との編著に『だれもが豊かに暮らせる社会を編み直す～「鍵」は無理しない農業にある』（筑波書房ブックレット　2020年)、『もうひとつの「食料危機」を回避する選択—「海」と「魚食」の守人との対話から—』（筑波書房ブックレット 2023年）がある。

鈴木 宣弘（すずき　のぶひろ）

1958年生まれ、三重県志摩市出身。半農半漁の家の1人息子で、家業を手伝いながら育つ。1982年、東京大学農学部農業経済学科を卒業し、同年、農林水産省に入省。15年ほど主に貿易問題、国際交渉担当などを担った後に退職。1998年、九州大学農学部助教授、大学院農学研究院教授を経て、2006年から東京大学教授。2022年に「食料安全保障推進財団」を立ち上げ、理事長に就任。

著書：『WTOとアメリカ農業』(筑波書房、2003年)、『牛乳が食卓から消える?——酪農危機をチャンスに変える』（筑波書房、2016年)、『亡国の漁業権開放——協同組合と資源・地域・国境の崩壊』(筑波書房ブックレット、2017年)、『協同組合と農業経済——共生システムの経済理論』（東京大学出版会、2022年)、『世界で最初に飢えるのは日本——食の安全保障をどう守るか』(講談社+α新書、2022年）など多数。

共著：『食べ方で地球が変わる——フードマイレージと食・農・環境』山下惣一、中田哲也：編著（創森社、2007年)、『だれもが豊かに暮らせる社会を編み直す：「鍵」は無理しない農業にある』山田衛：共編著（筑波書房ブックレット、2020年)、『自民党という絶望』「第七章　食の安全保障を完全無視の日本は『真っ先に飢える』」(宝島社新書、2023年)、『国民は知らない「食料危機」と「財務省」の不適切な関係』森永卓郎：編著（講談社+α新書、2024年）など多数。

筑波書房ブックレット　暮らしのなかの食と農　㉑

いまだから伝えたい、考えたい「牛乳」のはなし

2024年6月11日　第1版第1刷発行

編著者　山田 衛・鈴木 宣弘
写　真　魚本勝之
発行者　鶴見治彦
発行所　筑波書房
東京都新宿区神楽坂2－16－5　〒162－0825
電話03（3267）8599　郵便振替00150－3－39715
http://www.tsukuba-shobo.co.jp
定価は表紙に示してあります

印刷／製本　平河工業社

ISBN978-4-8119-0677-5 C0061